基于稀疏表示模型的
人脸超分辨率研究

黄克斌　王　锋　著

本书是黄冈师范学院教育学湖北省一级重点学科、湖北省特色优势学科群鄂东基础教育与区域文化学科群、湖北省人文社会科学重点研究基地鄂东教育与文化研究中心阶段性成果

科学出版社

北　京

内 容 简 介

人脸是视频监控之类应用的重要辨识信息。人脸超分辨率算法是利用视频图像前后帧互补信息或样本库先验信息提高原始人脸图像分辨率的技术。受拍摄环境、器件及存储等噪声影响，现有人脸超分辨率算法往往难以满足低质量、低分辨率人脸图像超分辨率重建的需要。针对噪声对人脸超分辨率重建过程中图像块稀疏表示系数、冗余字典表达能力、不同形态成分有效表示等因素的影响而导致超分辨率重建结果质量下降的问题，本书介绍 K 近邻编码均值约束稀疏表示、高维图约束字典学习和人脸多形态稀疏表示等内容，创新性地解决基于稀疏表示的人脸超分辨率技术中的关键性问题。

本书适合通信与信息系统等专业研究生，以及从事计算机视觉、数字图像处理、图像超分辨率等领域研究人员、工程人员使用。

图书在版编目（CIP）数据

基于稀疏表示模型的人脸超分辨率研究 / 黄克斌，王锋著. —北京：科学出版社，2019.6

ISBN 978-7-03-061771-2

Ⅰ. ①基… Ⅱ. ①黄… ②王… Ⅲ. ①面－图象识别－研究 Ⅳ. ①TP391.413

中国版本图书馆 CIP 数据核字（2019）第 127217 号

责任编辑：闫　陶　霍明亮 / 责任校对：彭珍珍
责任印制：徐晓晨 / 封面设计：莫彦峰

科学出版社出版
北京东黄城根北街16号
邮政编码：100717
http://www.sciencep.com

北京凌奇印刷有限责任公司 印刷
科学出版社发行　各地新华书店经销

*

2019 年 6 月第 一 版　开本：B5（720 × 1000）
2021 年 7 月第四次印刷　印张：7 1/4
字数：147 000

定价：42.00 元

（如有印装质量问题，我社负责调换）

前　言

近年来基于学习的人脸超分辨率技术受到了广泛的关注，研究人员从不同的角度提出一系列超分辨率重建算法，基于图像块稀疏表示和冗余字典学习的人脸超分辨率算法取得了最佳效果。但是，在实际监控视频应用过程中，噪声等因素会导致基于稀疏表示模型的人脸超分辨率算法重建图像质量显著下降。如何构建鲁棒的稀疏表示模型、训练有效的冗余字典，形成对人脸的多形态稀疏表示，并在此基础上对低质量、低分辨率的人脸图像进行有效重建，是监控人脸图像超分辨率重建所要解决的关键问题。

本书对基于稀疏表示模型的人脸超分辨算法展开研究，提出一系列新的基于稀疏表示模型的人脸超分辨率算法，有效地改善重建结果中人脸图像的主客观质量。第一，从人脸图像块的鲁棒性稀疏表示出发，对高低分辨率重建系数的误差进行建模，提出在传统稀疏编码框架中引入稀疏编码噪声抑制正则项，改进高低分辨率重建系数的一致性，提高算法的噪声鲁棒性。第二，从学习字典的训练方法出发，结合稀疏性和近邻性特征优势，构建高维图约束正则项，提高冗余字典表达能力，进而改善基于稀疏表示模型的人脸超分辨率算法的重建能力。第三，从人脸多成分差异化表示出发，对人脸不同成分训练不同耦合字典，采用有针对性的正则项进行约束重建，保留更多人脸细节，进而改善超分辨率算法的性能。最后在上述基础上，提出基于稀疏卷积神经网络的人脸超分辨率算法，进一步改进基于稀疏表示模型的人脸超分辨率算法。

具体来讲，本书的研究内容包括以下四个方面。

（1）基于 K 近邻稀疏编码均值约束的人脸超分辨率算法。现有的基于稀疏编码的算法使用过完备冗余字典对观察对象进行稀疏表示，这使得观察特征的细小变化都会导致字典中基函数的合成结果不稳定。其根源在于噪声影响了稀疏编码的表达精度。针对该问题，本书提出一种基于 K 近邻稀疏编码均值约束的人脸超分辨率算法。通过构建稀疏编码噪声模型，在标准稀疏编码框架下利用多个近邻块编码的期望来约束单个块的编码系数，使得在零均值情况下，高低分辨率空间人脸块的稀疏表示系数对噪声具有鲁棒性和一致性，从而提高超分辨率重建系数的表达精度，最终提高重建高分辨率人脸图像的质量。在 CAS-PEAL-R1 人脸库上的实验结果表明，本书提出算法相对于领域前沿的算法在 PSNR 值和 SSIM 值上分别提升了 0.3364dB 和 0.0243。

（2）基于高维图约束稀疏编码的人脸超分辨率算法。现有的基于稀疏编码的人脸超分辨率算法没有考虑人脸五官结构信息，在编码过程中忽略了局部特征的近邻结构，从而影响冗余字典的表达能力。针对这一问题，本书提出一种基于高维图约束稀疏编码的人脸超分辨率算法。该算法在耦合字典训练过程中，将图像块在高分辨空间的内部几何结构信息引入稀疏编码步骤，使得稀疏编码系数空间能够良好地保持原始图像块的相似性和局部性，从而在不扩张字典规模的前提下显著提升学习字典的表达能力，改善算法的重建能力。在 CAS-PEAL-R1 人脸库和实际场景人脸图像上的超分辨率实验验证本书提出算法的有效性。在 CAS-PEAL-R1 人脸库上的实验结果表明，本书提出算法相对于领域前沿的算法在 PSNR 值和 SSIM 值上分别提升了 0.8dB 和 0.0262。

（3）基于多形态稀疏表示的人脸超分辨率算法。现有的人脸超分辨率算法主要从单一形态进行稀疏表示，如原始像素、梯度特征等，对纹理和轮廓等信息采用相同的正则项进行对等约束重建，导致重建结果图像出现过平滑或锯齿效应。针对该问题，本书提出基于多形态稀疏表示的人脸超分辨率算法。首先对高低分辨率训练样本图像进行分解，提取低频卡通成分和高频纹理成分，训练得到卡通成分耦合字典对和纹理成分耦合字典对。然后针对输入人脸图像的卡通成分采用总变分正则项约束其平滑性，对于纹理成分采用非局部相似性正则项约束其规则性。最后将各自重建结果进行融合，得到最终的高分辨率人脸图像。该算法提出的差异化约束规则适应了图像的多成分构成特点，从而能有效地保持轮廓保真度和细节逼真度，改善人脸图像重建质量。在 CAS-PEAL-R1 人脸库上的超分辨率实验验证本书提出算法的有效性，本书提出算法相对于领域前沿的算法在 PSNR 值上提升了 1.23dB。

（4）基于稀疏卷积神经网络的人脸超分辨率算法。现有的基于稀疏表示的人脸超分辨率算法包含字典学习、疏编码及系数映射、超分辨率重建等步骤，这几个步骤不能采取统一优化方法进行优化，计算复杂度高，结果不是最优的，最终影响算法效率和效果。基于稀疏卷积神经网络的人脸超分辨率算法可以将上述过程纳入统一的优化流程，实现从低分辨率输入图像到高分辨率输出图像之间的端到端非线性映射，进而改进人脸图像超分辨率重建效果。

综上所述，本书从影响人脸图像超分辨率重建质量的因素着手，在基于稀疏表示的框架下，介绍人脸超分辨率的鲁棒性表示、有效字典学习和多形态差异化稀疏表示，提出基于 K 近邻稀疏编码均值约束的人脸超分辨率算法、基于高维图约束稀疏编码的人脸超分辨率算法、基于多形态稀疏表示的人脸超分辨率算法，最后进一步提出基于稀疏卷积神经网络深度学习的人脸超分辨率算法，改进基于稀疏表示模型的人脸超分辨率算法。

由于时间仓促，书中纰漏之处在所难免，恳请读者和同行不吝指正。

黄克斌
2018 年 5 月 28 日于黄州

目 录

前言
第1章 人脸超分辨率的基础知识 ·· 1
  1.1 概述 ··· 1
  1.2 人脸超分辨率的主要算法 ··· 5
    1.2.1 全局脸算法 ·· 6
    1.2.2 局部脸算法 ·· 10
    1.2.3 结合全局和局部脸算法 ··· 13
    1.2.4 稀疏表示图像超分辨率 ··· 15
  1.3 现有算法存在的问题 ·· 17
  1.4 基于稀疏表示模型的人脸超分辨率研究框架 ······················· 18
第2章 基于K近邻稀疏编码均值约束的人脸超分辨率算法 ·············· 20
  2.1 概述 ··· 20
  2.2 图像超分辨率的稀疏表示模型 ·· 22
    2.2.1 图像的稀疏表示 ·· 22
    2.2.2 图像超分辨率重建 ··· 24
  2.3 K近邻稀疏编码均值约束鲁棒人脸超分辨率算法 ················· 26
    2.3.1 基于位置块的冗余字典学习算法 ······························· 26
    2.3.2 K近邻稀疏编码均值约束项构建 ······························· 27
    2.3.3 正则化参数 ··· 29
    2.3.4 目标函数优化 ··· 31
  2.4 实验结果及分析 ·· 32
    2.4.1 CAS-PEAL-R1库简介 ··· 33
    2.4.2 算法参数设置 ··· 34

  2.4.3 不同算法主客观对比结果 ·················· 34
  2.4.4 算法噪声鲁棒性测试 ····················· 37
 2.5 本章小结 ······························ 39

第3章 基于高维图约束稀疏编码的人脸超分辨率算法 ······ 41
 3.1 概述 ································ 41
 3.2 图约束稀疏编码 ·························· 43
  3.2.1 图的构建 ························· 43
  3.2.2 图约束正则项 ······················ 44
 3.3 高维图约束一致性人脸超分辨率算法 ··············· 45
  3.3.1 符号定义及问题提出 ··················· 45
  3.3.2 高维图约束子字典对学习 ················· 47
  3.3.3 高分辨率人脸图像重建 ·················· 49
 3.4 高维图约束稀疏编码的有效性分析 ················ 51
 3.5 实验结果及分析 ·························· 54
  3.5.1 人脸库简介 ······················· 54
  3.5.2 算法参数分析 ······················ 55
  3.5.3 不同算法的主客观结果 ·················· 57
  3.5.4 实际场景人脸图像重建结果 ················ 59
  3.5.5 讨论 ·························· 61
 3.6 本章小结 ······························ 62

第4章 基于多形态稀疏表示的人脸超分辨率算法 ········· 64
 4.1 概述 ································ 64
 4.2 人脸的多形态稀疏表示模型 ···················· 66
  4.2.1 多形态稀疏表示模型 ··················· 66
  4.2.2 MCA 图像分解 ····················· 67
 4.3 基于多形态稀疏表示的人脸超分辨率算法框架 ··········· 69
  4.3.1 符号定义及问题提出 ··················· 69

4.3.2 多成分字典学习 ··· 70
4.3.3 高分辨率人脸的重建 ·· 71
4.4 实验结果及分析 ·· 73
4.4.1 人脸数据库集 ·· 73
4.4.2 参数设置 ··· 74
4.4.3 四种参照算法结果比较 ·· 76
4.5 本章小结 ·· 78

第5章 基于稀疏卷积神经网络的人脸超分辨率算法 ············· 80
5.1 概述 ·· 80
5.2 相关研究 ·· 82
5.2.1 卷积神经网络 ·· 82
5.2.2 稀疏卷积神经网络 ·· 84
5.2.3 基于深度卷积神经网络的超分辨率算法 ···················· 85
5.3 基于稀疏卷积神经网络的人脸超分辨率算法框架 ············ 87
5.3.1 问题定义 ··· 87
5.3.2 特征提取 ··· 88
5.3.3 网络训练 ··· 89
5.3.4 超分辨率重建 ·· 90
5.4 实验结果及分析 ·· 91
5.4.1 主观结果 ··· 92
5.4.2 客观结果 ··· 93
5.5 本章小结 ·· 94

参考文献 ·· 95

第1章 人脸超分辨率的基础知识

1.1 概　　述

近年来,我国不断推进深化改革,大力推动工业化、城市化进程,经济和社会发展进入重要的战略机遇期。在经济快速增长和社会基本稳定的同时,国内外安全环境复杂,社会治安面临一系列新课题、新挑战。2017 年数据显示,2000～2017 年全国公安机关治安案件受案数和刑事案件立案数持续运行在高位,且一直呈现增长态势[1-5],如图 1-1 所示。

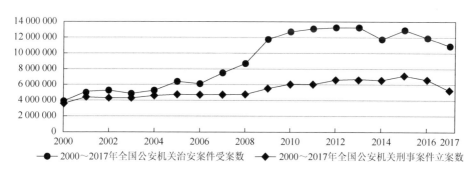

图 1-1　2000～2017 年全国公安机关治安案件受案数、全国公安机关刑事案件立案数

面对这种增长的形势,我国公安部门先后推出了"平安城市"工程、"全国城市报警与监控系统建设试点工程"("3111"试点工程)和"社会治安动态预警、综合防控技术体系研究与示范"项目等一系列科技强警项目,以期通过现代信息技术手段的应用推动平安城市建设。2011 年,随着"3111"试点工程的整体推进,我国初步建立起覆盖各省(区、市)的视频监控网络体系[6]。截止 2016 年,仅湖北省视频监控摄像头总量就达 104.5 万个,到 2020 年将达 150 万个[7]。视频监控系统在预防和打击犯罪方面,起到了重要作用,各地、各部门纷纷将基于视频监控网络体系的联网应用作为"关键性、基础性、必干性工程",在强化实战应用上狠下功夫。

在实际视频监控应用中，人脸图像是辨识各类案件中关键人物最重要、最直接的线索信息。大多数情况下，从实际监控视频中获取的人脸图像质量较差，包含噪声、模糊、低分辨率等不足，难以满足人工辨识和机器处理的需要。中华人民共和国公安部（以下简称公安部）物证鉴定中心统计数据显示，白天从监控视频中获取的侦查目标人脸图像中有60%的质量较差,而晚上这一比例则高达95%[8]。图1-2给出了实际监控图像降质后的画面，画面中的人脸图像辨识十分困难。

(a) 光照因素　　　　　　　(b) 器件噪声　　　　　　　(c) 运动模糊

图 1-2　实际监控图像降质结果图

造成监控视频中人脸图像质量严重下降的因素，主要有以下四个方面[9, 10]。

（1）器件因素：摄像头和存储设备自身的分辨率、器件噪声情况等都会导致监控人脸图像质量下降。

（2）环境因素：成像时摄像机外部的光照条件、温度条件和大气能见度等会给成像系统带来噪声，进而影响成像质量。

（3）摄像过程因素：摄像过程中目标对象的运动、摄像机的抖动等均会造成镜头的散焦，这会造成监控图像模糊。摄像过程中镜头和目标对象之间往往有较远的距离，这使得采集的人脸图像分辨率较低。

（4）编码因素：受监控视频数据传输时的带宽和存储容量限制，监控视频往往需要压缩，压缩编码过程中的量化误差、降采样也会造成人脸图像分辨率和质量下降。

如何针对现有视频监控系统中获取的低分辨率、低质量人脸图像，提供可供辨识的高质量人脸图像，解决监控视频人脸图像"看不清"的问题，是视频监控系统在刑事侦查中得到广泛应用的核心技术需求。人脸超分辨率技术，也称为幻觉脸（face hallucination，FH）技术[11]，它能够在不改变硬件环境的情况下，从一幅或多幅低分辨率输入人脸图像中，重建出一幅高分辨率的人脸图像，达到改善人脸图像清晰度的目的。人脸超分辨率技术的应用对提高公安机关破案率，提高安防监控系统应用效果具有重要意义[9, 10, 12]。

作者所在项目组对人脸超分辨率技术展开了深入研究。研究发现，现有的人脸超分辨率方法在实验仿真情况下取得了一定的效果，但是现有方法在实际监控视频应用中的重建结果不理想。主要原因是实际监控人脸图像普遍存在低分辨率、低质量问题，要实现从低分辨率、低质量人脸图像到高分辨率人脸图像的重建，必须要有合适的先验信息来补偿低分辨率、低质量降质图像丢失掉的高频细节信息。而高频细节信息不可能凭空产生，只能从视频前后帧互补信息中获取或者从样本学习得到的先验信息中获取。由于监控视频中人脸距离摄像头较远，获取的人脸画面较小，很难从监控视频的相邻帧中获取有效互补信息。基于样本学习先验信息的做法常被用于人脸超分辨率重建。在仿真情况下，训练样本集与输入低分辨率测试图像利用相同的降质过程得到。测试图像与训练样本集有相同的降质先验信息，因此仿真情况下的人脸超分辨率算法往往具有较好的效果。但是，实际监控视频中的人脸图像具有十分复杂多样的降质过程，难以用仿真的训练样本集学习得到与输入低分辨率图像具有一致性的先验信息，这使得现有人脸超分辨率方法难以满足监控人脸图像超分辨率重建的需要。有效先验信息的获取是解决实际监控视频中人脸超分辨率问题的关键。

研究人员围绕人脸超分辨率重建中的有效先验信息的获取开展了一系列深入研究。1996年，Olshausen等[13]在Nature上指出自然图像存在稀疏性先验，基于该先验实现的稀疏编码（sparse coding，SC）模型能合理匹配人类视觉系统基本视觉皮层（primary visual cortex，PVC）中不同感受野神经元处理外界刺激的机理。稀疏编码模型涉及心理学、神经科学及计算机科学等诸多学科，受到人们广泛关注。稀疏表示被认为是一种新型、有效而且鲁棒的特征表示方式，成功地应用在一系列实际问题中[14, 15]。2006年，Donoho[16]在稀疏编码理论基础上，提出了压缩传感（compressive sensing，CS）理论。近几年，在图像和视频处理领域已出现了大量有关稀疏表示及压缩传感的理论成果和应用。稀疏表示及压缩传感是目前最热门的研究课题之一[15]。

较之已有的人脸重建和识别方法，基于稀疏表示的方法对噪声、遮挡等具有较强的鲁棒性,在有较强的噪声、遮挡等情况下,取得了较好的重建效果,进而取得了更好的机器识别效果[17]。如图 1-3 所示,基于稀疏表示的方法重建的人

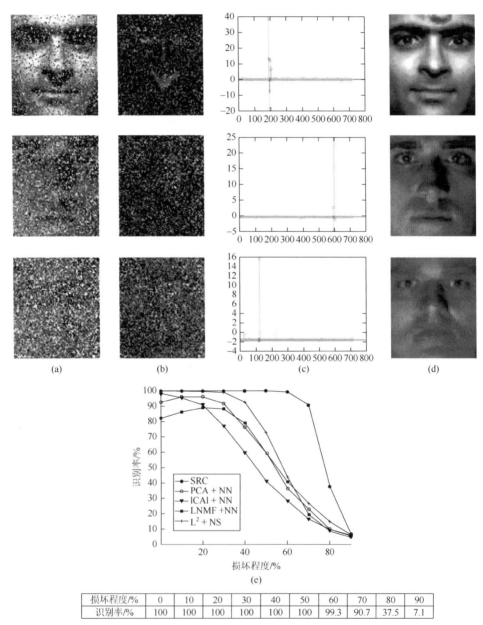

图 1-3 具有不同的随机噪声人脸重建和识别效果

(a) 具有不同噪声水平的人脸图像;(b) 估计的误差;(c) 估计的稀疏表示系数;
(d) 利用稀疏表示方法重建的人脸图像;(e) 不同人脸识别算法的人脸识别率曲线。

脸图像，具有较好的视觉效果和较高的识别率；随着输入图像质量降低程度的加剧，该方法重建的图像依然能够保持较高的识别率。

基于稀疏表示模型的人脸超分辨率算法取得了较好的重建效果。但是针对实际监控视频中噪声对重建质量带来的影响，就人脸图像块的鲁棒性稀疏表示、高效的学习字典构建、人脸多形态稀疏表示等一系列问题尚有待进一步研究。本书希望能够完善基于稀疏表示模型的人脸超分辨率算法和相关理论，改善实际监控人脸图像质量，方便视频图像资源的后期处理应用，进而提高视频监控系统的应用效率，保障人民群众的生命财产安全。

1.2 人脸超分辨率的主要算法

图像超分辨率的概念最早由 Huang[18]在 1984 年提出，他针对低质量遥感图像重建问题提出了一种多帧图像超分辨率重建算法。在此之后，研究人员提出了一系列的超分辨率算法[19, 20]。按照不同的标准，图像超分辨率算法有不同的类型。

按照超分辨率图像的内容不同，超分辨率算法可以分为基于自然图像的算法[18, 21-23]和基于特定图像的算法（如车牌、人脸、素描、医疗影像等）[11, 24-34]。按照超分辨率图像的性质，超分辨率算法可以分为空域算法[35, 36]和频域算法[37]。按照输入低分辨率图像的个数不同，有多帧超分辨率算法[18]和单帧超分辨率算法[11, 18, 21-34]，前者主要基于配准重建，后者主要基于样本学习。这里主要探讨空域、单帧、人脸图像的超分辨率算法。

空域、单帧、人脸图像的超分辨率算法本质上是基于学习图像超分辨率算法[21]。该类算法通过对大量的具有相似性结构特征的图像样本进行学习，获取关于低分辨率图像重建的先验信息，在先验信息指导下弥补降质过程带来的高频细节信息损失，从而实现由低分辨率到高分辨率的重建过程。较之基于多帧重建的超分辨率算法，基于学习的算法更强调对图像自身内容和结构特征等特定信息的理解。通过学习得到有效的先验约束，往往能够取得更好的重建结果。近年来，基于图像样本学习的超分辨率算法受到了广泛的关注，成为图像超分辨率研究的热点方向。

本书针对实际监控视频应用需要，开展基于学习的人脸超分辨率研究。根据超分辨率重建过程中，处理人脸图像方式的不同，将基于学习的人脸超分辨率算法分为三类：全局脸算法、局部脸算法、结合全局和局部脸算法。下面从四个方面进行介绍。

1.2.1 全局脸算法

全局脸算法是指将人脸图像作为整体用于构建训练样本库、提取特征、训练高低分辨率空间的对应关系以及超分辨率重建等全过程的算法。这类算法假定高分辨率图像可以分解成一系列"基"的组合，因此只需估计"基"间的组合系数。"基"的存在就要求高分辨率图像有一致的结构，否则重建出来的图像将缺少细节或细节不合理，不能达到超分辨率的目的。由于人脸图像具有良好的结构和相似的外表，它们能跨越小子集和高维图像空间。Wright 等[17]的研究表明人脸空间的维度对图像大小不敏感。Moghaddam[38]分析了主流算法对低维视觉进行线性或非线性表示的性能，对于 12 像素×21 像素的低维人脸图像，利用贝叶斯子空间（Bayesian subspace，BS）表示算法能够在 FERET 库中达到95%的识别率。这些研究表明人脸图像是高度相关的，利用人脸结构相似性可以从低频部分推导出高频细节。

2000 年，Baker 等[11]首次提出"人脸幻象"的概念，首先通过对高分辨率样本人脸进行逐级平滑和下采样，得到金字塔形式的梯度分布先验，利用最大后验概率（maximum a posteriori，MAP）从金字塔的顶层估计出最底层，即实现由低分辨率人脸重建高分辨率人脸。该算法采用类似线性的父结构算法进行重建，在重建人脸的局部会有明显的噪声。

麻省理工学院的 Liu 等[24, 25]通过主成分分析（principal component analysis，PCA）计算在整体结构上与输入人脸接近的图像，利用马尔可夫网络（Markov random field，MRF）学习并推测个体的局部高频特征。该算法充分利用了人脸的全局和局部特征，一定程度上改善了重建的质量，但是，局部补偿算法计算量大，且容易受噪声影响。

2002 年，Baker 等[26]进一步阐明实现人脸超分辨率的制约及突破途径，认为超分辨率重建过程中往往采用平滑先验，但当超分辨率放大倍数达到一定程度时，平滑先验能提供的有效信息很少，反而会导致重建结果出现过平滑现象。针对这个问题，文献[26]提出了先识别局部先验，然后整合到 MAP 框架下实现超分辨率重建的算法。Baker 等的算法和 Liu 等的算法都是基于明确的分辨率降低函数，且用到了复杂的概率模型，这在实际应用中往往难以实现，从而影响了算法的适用性。

2003 年，美国佐治亚理工学院的 Gunturk 等[27]提出面向人脸识别的 PCA 特征域人脸超分辨率算法，该算法旨在提高人脸识别率，对重建人脸图像质量提升有限。

2005 年，在 Baker 等工作的启发下，浙江大学的 Su 等[28]利用能保留多方向多尺度信息的可控金字塔替代 Baker 等使用的拉普拉斯金字塔和类似高斯金字塔来计算特征空间，同时采用类似金字塔父结构和局部最匹配算法来估计最佳先验信息，最后在 MAP 框架下实现高分辨率人脸图像的重建。该算法能实现人脸图像从 24 像素×32 像素到 96 像素×128 像素的重建，效果比 Baker 等[11, 26]的算法好，但是在重建结果图像上有明显的人工痕迹。

2005 年，香港中文大学的 Wang 等[29]提出一种基于 PCA 全局特征变换的人脸超分辨率算法，该算法理论清晰，易于实现且取得了文献报道的较好效果。目前已经成为人脸超分辨率领域的基准算法之一。但是由于 PCA 的线性特性，特征脸模型难以有效地表示高低分辨率人脸之间的联系，以致重建的图像容易接近训练集的平均脸。不少研究者在此基础上进行了改进，2007 年，Chakrabarti 等[30]提出核主成分分析（kernel principal component analysis，KPCA）作为人脸先验的超分辨率算法。Tan 等[31]提出了基于鲁棒性主成分分析（robust principal component analysis，RPCA）的人脸超分辨率算法，针对会议视频中丢失的帧，采用 RPCA 提取之前高分辨率帧中的突出信息，恢复人脸图像的高频信息。该算法对于人脸中的粗糙但是却稀疏的错误具有鲁棒性，但是该算法对于非序列的单帧图像恢复能力有限。

2007 年，浙江大学的 Zhuang 等[32]提出基于局部保持投影（locality preserving projection，LPP）的全局脸算法。与 Liu 等[24,25]算法中利用 PCA 进行全局脸样本特征提取不同，该算法利用 LPP 提取训练样本的特征，利用径向基函数（radial basis function，RBF）回归实现高低分辨率图像间的整体映射重建。在局部脸重建阶段，利用近邻重建实现残差补偿，最终实现高分辨率图像的重建。

2008 年，Park 等[33]提出了一种基于人脸形变模型（morphable model，MM）的超分辨率算法，将人脸分为形状和纹理两部分，并对每部分进行超分辨率重建，利用迭代反向投影（iterative back projection，IBP）方法补偿残差信息。在对人脸图像进行整体重建的基础上，尤其针对眼睛、鼻子和嘴巴进行分区重建，取得了相对较好的效果。但是该算法主要针对仿真环境下的人脸图像，实验中降质过程已知，这在实际监控环境下无法实现。2008 年，Yang 等[34]提出基于非负矩阵分解（non-negative matrix factorization，NMF）的全局脸算法，该算法认为尽管人脸图像整体上具有大量的差异性，但是在眼睛、眉毛、鼻子等局部具有相似性信息。NMF 的目标在于提取基于人脸局部特征的子空间，然后采用加性方法组合在一起。2010 年，Yang 等[35]对 NMF 做了进一步完善。较之 PCA 面向整体且允许为取负值的特点，NMF 更符合人类认知的生理和心理特性。

2009 年，台湾"清华大学"的 Hsu 等[36]提出了利用多参考帧协同超分辨率重建的算法，该算法中利用同一个人的多个低分辨率图像作为参照，提取其中的不变特征作为联合先验模型，在此基础上计算输入图像的合成系数，然后将系数映射到 PCA 特征脸空间，合成高分辨率人脸图像。

2010 年，西安交通大学 Huang 等[39]利用典型相关分析（canonical correlation analysis，CCA）法解决全局脸高低分辨率特征空间表达不一致的问题，取得了较好的全局脸重建效果。和 Liu 等[24,25]的算法相似，该算法还利用了局部脸残差补偿方法对重建全局脸的细节进行了补偿。

2012 年，北京理工大学的 Li 等[40]提出了一种基于核局部最小二乘（kernel partial least squares，KPLS）的算法，在整体人脸图像重建阶段，首先利用 PCA 将样本图像转换到特征脸空间，然后在特征脸空间利用 KPLS 预测器学习高低分辨率样本对的对应关系，最后将输入低分辨率图像在低分辨率样本空间的表示系数映射到高分辨率样本图像，合成得到重建图像。香港理工大学的 Jian 等[41, 42]提出了一种基于奇异值分解（singular value decomposition，SVD）的人脸超分辨率两步法，该算法表明一幅图像在不同分辨率下的主要奇异值之间存在线性关系，在整体人脸图像重建阶段，将主要奇异值作为特征进行超分辨率重建，能够克服基于 PCA 的算法带来的重建结果图像清晰但相似性差的问题。

由综述不难发现，全局脸算法将整幅人脸作为操作对象，执行三方面的整体性操作：提取人脸特征、线性合成和不同分辨率空间系数映射。

用到的人脸特征提取方法主要有两类：一是概率统计模型方法；二是基于子空间的方法。基于概率统计模型的方法包括 MRF 及其改进模型、SVD 方法和 MAP 框架等。基于子空间的方法主要有 PCA 方法及其改进方法（KPCA、RPCA）、LPP 流形方法、NMF 稀疏方法等。PCA 是人脸超分辨率重建过程中用得最多的子空间方法，它能保持样本的差异性，但是由于 PCA 基是面向整体的，无法处理噪声、遮挡之类的问题，与 NMF 相比，PCA 重建的结果不够直观，而且 PCA 中允许负值的出现，是无法解释的。因此，基于 NMF 及其改进方法的全局脸特征提取方法是面向监控环境下人脸超分辨率应用的前沿方向之一。

在全局脸算法中，高低分辨率之间的系数映射问题也是超分辨率重建过程中的关键问题之一。主要有三种映射方式：基于 MRF 的方法、基于机器学习分类方法（RBF、KPLS、CCA 等）和正则项约束方法。基于 MRF 的方法通常假设高分辨率图像都是一个马尔可夫随机场，通过构建相似性函数和兼容性函数实现高分辨率块查找。但是实际过程中，往往难以直接构建显式的兼容函数。低分辨率到高分辨率的映射是一个典型的非线性映射过程，这也吸引不少学者尝试将 RBF、KPLS 等神经网络方法应用于超分辨率重建过程。最近，深度学习（deep learning，DL）的卷积神经网络（convolutional neural network，CNN）[43]也在超分辨率领域有了报道。这类算法主要存在计算量巨大问题，限制了算法的应用。基于正则项约束的算法因为计算量适中，能够充分地利用人脸先验而被认为是面向实际监控视频的可行方法之一。

1.2.2 局部脸算法

局部脸算法是指利用样本图像的分块局部信息作为先验知识，学习推测输入低分辨率图像的高频细节信息[21]。局部人脸超分辨率算法包括以下三个步骤：首先将人脸图像划分成大小相等或不相等的图像块，然后基于每个图像块实施超分辨率重建，最后将重建得到的高分辨率图像块融合在一起，得到完整的高分辨率人脸图像。

2000 年，牛津大学的 Freeman 等[21]提出基于人脸学习模型的超分辨率算法，将人脸划分成眼、鼻、嘴和面颊 4 个部分，共 6 个分块，如图 1-4（a）所示。利用主成分分析获得各个区块特征脸空间，利用 MAP 估计恢复出高分辨率人脸。该算法使用大量的对齐后的训练样本图像来建立局部特征脸模型，相对于利用 MRF 作为约束的算法，有效地提高了超分辨率结果图像的质量。但是该算法假设特征脸符合高斯分布模型，需要对人脸进行精准对齐，实际情况下这种理想的前提条件不一定满足。

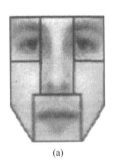

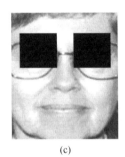
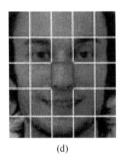

(a)   (b)   (c)   (d)

图 1-4 典型的局部脸分区

(a) 为文献[21]中用到的局部脸；(b) 与 (c) 为文献[44]中用到的局部脸分区；(d) 为文献[33]中用到的局部脸分区

2006 年，卡内基·梅隆大学的 Stephenson 等[44]提出了基于自适应 MRF 的人脸超分辨率算法，该算法将人脸分成不同的区块如图 1-4（b）与（c）所示，将人脸分为眼睛区域和非眼睛区域，针对不同的区块采用不同的 MRF 相似性函数和兼容性函数，取得了较标准的 MRF 算法[21]更好的效果。2006 年，西安交通大学的黄华等[45]提出了基于粒子滤波的人脸图像超分辨率重建算法，该算法将人脸拓扑结构用图 1-5 表示，节点 X_i 表示人脸局部器官（眼睛、鼻子和嘴巴），连接节点的边 $E_{i,j}$ 表示各个面部器官的纹理与位置之间的概率约束关系。在统一的 MAP 框架下估计人脸图像的灰度和位置参数，结合粒子滤波算法实现人脸图像的超分辨率重建。仅仅针对有助于识别的关键的几个面部器官的图像进行重建，并没有重建整个人脸图像，而且也没有考虑交叠等问题，重建图像的视觉效果有限。

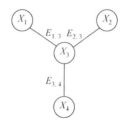

图 1-5　人脸拓扑结构图[45]

2009 年，Hu 等[46]提出了利用人脸特征掩模获取人脸区域信息，然后针对各个区域进行特征转换并利用超分辨率方法进行分块重建，最后融合得到完整高分辨率人脸图像。

在局部脸算法中，对人脸图像分块采用最多的还是均匀分块做法，如图 1-4（d）所示，即将输入低分辨率人脸图像和训练样本图像分割成大小相等的图像块，如 8×8、16×16 等。

2004 年，香港科技大学的 Chang 等[22]提出基于近邻嵌入（neighbor embedding，NE）的超分辨率算法，受流形学习（manifold learning，ML）中的局部线性嵌入（locally linear embedding，LLE）思想启发，利用 NN 算法对图像进行超分辨率重构，取得一定的效果，NE 算法成为人脸超分辨率重建的基准算法之一。2007 年，Park 等[47]分析了制约流形学习算法在超分辨率中应用的因素后，利用 LPP 算法实现了人脸图像超分辨率重建。2008 年，Zhang 等[48]面向人脸图像超分辨率重建，提出一种基于局部保持投影的自适应流形学习算法，该方法选取 n 幅低频人脸训练图像中的每一个对应位置上的图像块构成学习样本集合。通过人脸位置对应的方式，缩小了样本数量，并提高了检索速度和准确性。通常最近邻算法[22]被用于减少基于局部非参数模型的人脸超分辨率算法的计算复杂度。

最近邻算法在计算的过程中，需要根据经验来指定近邻块的个数。这容易导致合成高分辨率块的信息过拟合或者不充分。Yang 等[34, 35]首次将压缩感知的思想应用到超分辨率领域，在自然图像超分辨率重建过程中，通过自动选取合成块的个数，取得了较好的超分辨率效果。Chang 等[49]在 Yang 等[34, 35]算法的基础上，利用稀疏表示的算法合成人脸素描图像。Ma 等[50]提出了基于块位置的人脸超分辨率算法。四川大学的 Wu 等[51]就自然图像超分辨率问题，提出基于 KPLS 的分块超分辨率算法。该算法主要包含两个步骤，第一步是使用 KPLS 在训练集中构建 KPLS 回归模型，用来指导初步的高分辨率图像；第二步同样利用 KPLS 回归模型获取残差信息，最终将残差中的高频信息叠加到初步的高分辨率图像上，合成得到最终高分辨率图像。Jung 等[2]在已有研究的基础上，提出了利用凸优化替代 Ma 等[50]算法中的偏最小二乘法（partial least squares，PLS）的基于位置块稀疏表示的人脸超分辨率算法，取得了比 Ma 等[50]算法更好的效果。Jung 等[2]算法获得了当前文献报道中最好的人脸超分辨率主客观质量。尽管基于位置块稀疏表示的超分辨率算法在理想超分辨率情况下（即对只有下采样的降质图像进行超分辨率）取得了较好的效果，但是，当低分辨率图像中同时具有噪声时，已有的超分辨率算法重建的效果会大大降低。

江俊君等[12, 52, 53]在基于人脸位置块约束下进一步提出利用局部约束引导超分辨重建算法，并就一致流形学习机理等问题进行了深入研究。Zhang 等[54]提出基于稀疏贪婪查找的人脸素描合成。Ahn 等[55]就人脸双流形空间的学习进行了探讨。以上算法充分利用了人脸局部块的近邻特征等信息，取得了较好的效果，但是同样存在易受噪声干扰的问题。人脸超分辨率相关的文献综述还可以参阅文献[19]和[20]。

综上认为：从人脸分块方式看，局部脸算法主要有均匀分块和非均匀分块两大类。非均匀分块主要是按人脸器官区域进行分块，相同的区域拥有相同的人脸内容，不同区域的大小各不相同。对不同的输入人脸区域进行重建时，算法会自适应地选择与之对应的训练集内容作为先验信息来指导高分辨率图像重建。非均匀分块局部脸算法对人脸对齐要求比较高，这通常难以做到，因此限制了这类算法的使用。但是，基于人脸块位置、器官区域等人脸特定先验信息被证实是人脸超分辨率算法应用中非常有效可行的先验信息[12, 50, 56]。

基于局部脸的超分辨率算法，假设高低分辨率图像共享相同的内部几何结构，用于构建局部关系的算法分为基于 MRF 等统计模型的算法、基于 LLE 等流形学习的算法和基于稀疏表示的算法。前两类算法都需要人工设定近邻块的大小，基于稀疏表示的算法则可以自动选择合适近邻块，避免了过度拟合或欠拟合的问题。但是，无论采用哪种近邻块构建算法，局部脸超分辨率重建算法中，始终面临着块的鲁棒表示、有效样本库训练等问题。因此，面对实际噪声等环境下的鲁棒性人脸超分辨率算法研究还有待进一步完善。

1.2.3 结合全局和局部脸算法

结合全局和局部脸算法即人脸超分辨率的两步法，其原理就是首先从整体上计算与输入接近的初步高分辨率图像，其次，利用局部分块法计算残差，补偿初步高分辨率图像缺失的高频细节信息。两步法的框架最早由 Liu 等[24]在 2001 年提出，提出后受到了广泛的关注，产生了一系列的基于两步法的人脸超分辨率算法[32, 34, 40, 41]。2007 年，Liu 等[25]对基于两步法的人脸超分辨率的理论与实践做了进一步的阐释和完善。2014 年，An 等[57]提出一种改进的两步法，不同于以往方法将图像表示成一维向量形式，该方法利用二维相关系数分析（two-dimensional canonical correlation analysis, 2D CCA）直接用人脸图像进行超分辨率得到初步重建结果，在此基础上再将高频部分相加，得到最终重建结果。2014 年，针对现有的两步法中，分开计算全局模型和局部模型，造成计算开销大，合成的高分辨率人脸图像视觉效果差的问题，Liu 等[58]提出一种有效融合全局脸和局部脸重建过程的算法。该算法利用全局阶段得到的权重向量和候选样本来计算高分辨率残差人脸图像，有效地建立了全局模型和局部模型之间的联系，降低了计算的复杂度。但是，该算法在局部模型中采用的邻域重建方法易受噪声影响而导致重建质量下降。

2015 年，Jia[59]提出一种监控人脸超分辨率的两步法，首先利用人脸跟踪算法抠取输入视频序列中的低分辨率人脸，从中提取特征脸信息，作为重建的样本库。其次提取输入人脸图像的残差部分，超分辨率重建得到高频部分。最后将重建得到的高频部分叠加到插值得到的高分辨率图像，得到最终的高分辨率人脸图像。

表 1-1 对主要文献报道的两步法进行了梳理。

表 1-1 两步法超分辨率算法一览表

算法	全局特征空间	映射函数	局部重建方法	时间
Liu 等[24]	PCA	直接映射	MRF	2001 年
Zhuang 等[32]	LPP	RBF	MRF	2007 年
Yang 等[34]	NMF	联合字典学习	稀疏表示	2008 年
Huang 等[39]	PCA	CCA	最小二乘	2010 年
Wu 等[51]	DoG 滤波后中频	KPLS	LLE	2011 年
Jian 等[41]	SVD	直接映射	稀疏表示	2013 年
Gao 等[60]	稀疏近邻	联合字典学习	稀疏表示	2012 年

从表 1-1 中不难发现，实际应用过程中，具体的人脸超分辨率两步法之间的差异，主要体现在三个方面：一是全局人脸特征空间的表示方式不同，主要有 PCA、LPP、SVD 和稀疏及其扩展方法；二是高低分辨率特征空间之间的映射函数不同，主要有直接映射方法、基于机器学习方法（RBF、CCA、KPLS等）和联合字典学习方法；三是局部高分辨率人脸块重建方式不同，主要有 MRF、LLE、最小二乘和稀疏表示等方法。无论哪种组合的两步法，其共同的初衷在于结合全局脸和局部脸两类方法的共同优势。一方面充分利用全局脸的结构相似性、不同人脸之间的高度相关性，提高超分辨率重建算法的抗噪声能

力，改善重建人脸图像。另一方面，充分发掘局部脸的局部细节特征，恢复重建图像的高频细节信息，提高重建人脸的可区分度和可辨识度。本质上人脸超分辨率的两步法是全局脸算法和局部脸算法的线性叠加，并没有产生新的本质上的原理的不同。

1.2.4 稀疏表示图像超分辨率

压缩感知理论[16]阐明了图像超分辨复原与信号稀疏性约束之间的内在联系，并证明了信号满足一定稀疏性条件下实现超分辨复原的可行性[14]。基于稀疏表示的图像及人脸超分辨率算法也成了学者关注的热点[2, 34, 35, 49, 54, 60-63]，它是目前最前沿的单帧超分辨率算法。它基于这样一个假设：高低分辨率图像块在各自对应的过完备原子库上具有相同的稀疏表示。相比于流形学习的局部脸方法，基于稀疏表示的方法不需要人工设定近邻大小，可以自动选择合适近邻块，避免了过度拟合或欠拟合的问题。从实验结果可见[34]，在放大 4 倍的情况下，基于稀疏表示的人脸超分辨率算法比双三次插值方法均方根误差减少了 14.1%，基于稀疏表示的图像超分辨率比基于 LLE 算法[22]均方根误差减少了 17.18%。

在 Yang 等[34]算法的基础上，研究者提出了一系列基于稀疏的超分辨率算法。2010 年，Mallat 等[64]提出了一种基于稀疏混合估计的超分辨率算法，根据不同先验信息，自适应地混合一系列线性估计器得到新的估计器，在估计器的指导下，利用小波框架对图像进行自适应插值。Zeyde 等[65]提出先训练一个低分辨率字典，然后根据图像的降质过程，约束产生与之对应的高分辨率字典，实现超分辨率重建。

2012 年，Gao 等[60]提出了一种基于稀疏近邻选择的超分辨率重建算法。该算法根据输入图像的梯度方向直方图（histogram of oriented gradient，HOG）特征，选择 K 近邻子集，利用改进的鲁棒稀疏 L_0 算法同步实现近邻块查找和重建系数求解。2013 年，Dong 等[23]针对已有算法对不同图像结构使用同一个字典进行恢复,不能体现不同结构差异的问题,提出了一种基于自适应域选择的图像超分辨率算法。图像的非局部自相似性也被用作正则项。实验结果表明,Dong等[23]的算法获得了较前沿算法更好的主观效果和峰值信噪比(peak signal to noise ratio,PSNR)值。

2014年,Wang等[62]针对传统稀疏表示的人脸超分辨率算法中,正则化参数依靠经验值判断的弊端,探讨了基于稀疏表示人脸超分辨率算法中的自适应参数选择问题。在文献[63]中,Wang等就基于稀疏表示的人脸超分辨率算法中的范数问题进行了探讨,提出了混合高斯、拉普拉斯范数的人脸超分辨率算法。

近年来基于学习的人脸超分辨率技术受到了广泛的关注,不同研究者从不同的角度提出了一系列的超分辨率重建算法。尤其是基于冗余字典学习和图像块稀疏表示的人脸超分辨率算法取得了文献报道的最佳效果。但是,在实际监控视频应用中,噪声等因素会导致基于稀疏表示的人脸超分辨率重建图像质量显著下降。基于稀疏表示的人脸超分辨率算法仍然存在以下问题。

(1)基于稀疏表示的人脸超分辨率算法中,字典存在冗余性和过完备性,这使得人脸图像块中细小的干扰和变化,都会带来冗余字典基下稀疏编码系数的巨大差异。单个人脸图像块的稀疏编码系数容易受噪声干扰,影响超分辨率重建的效果。

(2)现有基于稀疏表示的人脸超分辨率算法中,冗余字典表达能力的强弱是影响超分辨率重建质量好坏的关键因素之一。传统的字典更新过程主要是寻找稀疏表示下最优基的构造过程,忽略了原子内部的流形结构,以致降低了字典的表达能力和重建能力。

(3)人脸是人类最熟悉的内容之一,重建人脸图像的细微误差都会带来明显的视觉偏差。现有的人脸超分辨率算法主要从单一形态进行稀疏表示,对各种成分采用相同的正则项进行约束重建,导致出现过平滑或锯齿效应等不足。

如何构建鲁棒性的人脸块表示模型,开展有效的高低分辨率空间一致性流形学习,并在此基础上对低质量、低分辨率的人脸图像进行有效的多成分、多细节重建,是监控人脸图像超分辨率重建所要解决的关键问题。

1.3 现有算法存在的问题

基于稀疏表示的人脸超分辨率算法，主要包含三个步骤：首先，基于一对一的高低分辨率训练样本集进行高低分辨率两个字典学习；其次，基于学习得到的低分辨率字典对低分辨率输入图像进行稀疏表示；最后，将低分辨率字典上获取的表示系数映射到高分辨率字典上，实现高分辨率重建。从以上过程中不难发现，鲁棒的稀疏表示、有效的字典学习、充分的高分辨率细节重建是基于稀疏表示的人脸超分辨率算法取得成功的关键。

（1）图像块的鲁棒表示问题。人脸图像超分辨率问题本质上是将输入图像在低分辨率空间上的稀疏表示系数映射到高分辨率空间上，实现输入图像的分辨率由低到高的跨越提升过程。传统的超分辨率重建系数映射算法是直接映射法。该算法假设高分辨率字典下的重建系数具有一致性，因而能够进行直接稀疏映射。但是，在监控环境下，受噪声等因素的影响，该假设往往不成立，高低分辨率重建系数间存在稀疏编码误差。如何消除高低分辨率重建系数间存在的误差，对重建人脸图像块进行鲁棒表示是改善人脸超分辨率效果的关键问题之一。

（2）有效的高低分辨率字典对学习问题。基于稀疏表示的人脸超分辨率算法中，能否获取具有较强表达能力的冗余字典是影响超分辨率重建结果好坏的关键环节之一。当前经典的算法是采用样本训练集，学习生成冗余字典。较之基于数学模型的冗余字典和直接采用原始样本训练集作字典，学习生成的字典具有更强的表达能力，更高的表达效率。但是，现有字典学习算法没有考虑人脸图像的空间几何结构特征，编码过程丢失了局部特征的近邻结构信息，从而影响了字典的表达能力。如何在字典学习过程中保持高分辨率样本块的近邻信息，提高字典表达能力，进而提升超分辨率重建效果是人脸超分辨率亟须解决的关键问题之一。

（3）人脸图像多形态稀疏表示问题。现有的人脸超分辨率算法主要从单一形态进行稀疏表示，对人脸图像的各种成分采用相同的正则项进行约束重建，这会导致重建过程中有效信息不足或过量，使得重建的高分辨率人脸图像出现过平滑或锯齿效应等不足。如何针对人脸图像的不同形态成分，采用不同的正则项进行有针对性的约束重建，从而使得重建人脸图像保留更多细节信息，满足辨识和后处理的需要，是人脸超分辨率算法中亟待解决的关键问题之一。

1.4 基于稀疏表示模型的人脸超分辨率研究框架

基于稀疏表示模型的人脸超分辨率研究，重点研究以下三个关键科学问题：人脸图像块的鲁棒性稀疏表示问题、有效的字典学习问题和多形态成分稀疏表示问题。围绕上述三个问题，本书主要四个方面研究，分别是：基于K近邻稀疏编码均值约束的人脸超分辨率算法研究、基于高维图约束稀疏编码的人脸超分辨率算法研究、基于多形态稀疏表示的人脸超分辨率算法研究、基于稀疏卷积神经网络的人脸超分辨率算法研究。

（1）基于K近邻稀疏编码均值约束的人脸超分辨率算法研究。本书第2章简要介绍图像的稀疏表示模型、基于该模型的图像超分辨率方法的一般过程；在此基础上详细介绍基于K近邻稀疏编码均值约束的人脸超分辨率算法，包括冗余字典的学习、K近邻稀疏编码均值约束项的构建以及目标函数的优化求解等；最后给出提出算法在CAS-PEAL-R1人脸库上验证的情况，并与前沿的参照算法重建的主客观结果进行比较分析，指出其改进方向。

（2）基于高维图约束稀疏编码的人脸超分辨率算法研究。本书第3章简要介绍图约束稀疏编码算法，在此基础上详细介绍本章提出的基于高维流形图约束稀疏编码的人脸超分辨率算法，包括符号定义及问题提出、高维流形图约束字典对的学习、高分辨率人脸重建等；分析高维流形图约束稀疏编码算法的有效性；最后就本书提出算法在CAS-PEAL-R1人脸库和实际场景中人脸图像上的实验验证情况进行介绍。首先就算法的最优参数设置情况进行分析，然后就提出算法与前沿的参照算法在不同测试样本上重建的主客观结果进行比较，最后总结算法的局限性以及改进方向。

(3)基于多形态稀疏表示的人脸超分辨率算法研究。本书第 4 章简要介绍图像的多形态稀疏表示模型和基于多成分分析的图像分解方法；在此基础上详细介绍基于多形态稀疏表示的人脸超分辨率算法，包括问题的提出、多成分冗余字典的学习、多成分约束超分辨率重建等；最后介绍提出算法在 CAS-PEAL-R1 人脸库上验证的情况。通过与前沿的参照算法重建的主客观结果进行比较分析，得出有益结论并对算法进行总结。

(4)基于稀疏卷积神经网络的人脸超分辨率算法研究。本书第 5 章介绍卷积神经网络、稀疏卷积神经网络等相关算法，然后介绍基于稀疏卷积神经网络的人脸超分辨率算法框架以及算法优化实现措施等，最后给出方法在 CAS-PEAL-R1 人脸库上验证的情况，并与前沿的参照算法就超分辨率重建的主客观结果进行比较分析。

第 2 章　基于 K 近邻稀疏编码均值约束的人脸超分辨率算法

2.1　概　　述

人脸超分辨率技术能够在不改变硬件环境的情况下，从一幅或多幅低分辨率输入人脸图像中，重建出一幅高分辨率的人脸图像，达到改善人脸图像清晰度的目的。该技术在安防监控、计算机视觉等领域中具有重要的应用。受监控视频中人脸图像比例较小，实际应用要求超分辨率放大倍数较高（往往在 4 倍以上）以及监控视频中人脸区域前后帧互补信息少、提取困难等因素制约，基于多帧重建的超分辨率方法难以满足监控视频中人脸超分辨率应用的需要。解决办法之一是采用基于学习的人脸超分辨率算法。目前基于学习的人脸超分辨率算法主要有三类：基于全局模型的人脸超分辨率算法[11, 27-31, 33]、基于局部模型的人脸超分辨率算法[21, 45-47, 52, 53, 55, 66]、结合全局模型与局部模型的人脸超分辨率算法[24-26, 34, 35]。本章主要关注基于局部模型的人脸超分辨率算法。

基于局部模型的人脸超分辨率算法主要针对人脸图像分块进行处理，包含学习阶段和重建阶段两个环节。在学习阶段主要是从高低分辨率训练样本中学习高低分辨率图像块之间的映射关系。在重建阶段包括以下三个步骤：首先基于低分辨率训练样本空间形成关于输入低分辨率人脸图像块的有效表示（或编码）；其次将该表示（或编码）映射到高分辨率训练样本空间，在高分辨率样本空间重建得到高分辨率人脸图像块；最后采取合适的块兼容函数融合高分辨率人脸块，得到最终高分辨率人脸图像。从以上过程中不难发现，基于局部模型的人脸超分辨率算法中，精确的块表示（编码）、有效的样本空间训练是此类方法取得良好效果的关键。本章重点关注超分辨率算法中人脸块的鲁棒表示（编码）问题。

在 Freeman 等[21]提出的基于人脸学习模型的超分辨率算法中,将人脸划分成眼、鼻、嘴和面颊 4 个部分,利用 PCA 获得各个区块特征脸空间,基于高低分辨率 PCA 特征空间映射形成对人脸块的有效表示。Hu 等[46]针对人脸特征掩模获取的人脸区域转换到 PCA 特征子空间进行超分辨率表示。在基于子特征空间的表示方法中,通过训练得到的固定特征空间基来表示所有的人脸块,这种做法往往难以满足人脸块多样性的需要。Chang 等[22]将流形学习的思想引入超分辨率过程中,假设高维空间的数据在低维空间有相似的近邻结构,通过低维空间的近邻结构向高维空间的映射,形成低分辨率块的超分辨率重建。Chang 等[22]的方法首先为输入块搜索欧氏空间的近邻块,然后基于局部线性嵌入,形成对人脸块优化表示。Ma 等[50]在最小二乘表示人脸块的基础上进一步针对人脸图像特征,提出通过人脸块位置来增加训练样本的先验信息,进而改善人脸超分辨率效果。最近邻方法在计算的过程中,需要根据经验来指定近邻块的个数。这容易导致合成高分辨率块的信息过拟合或者不充分。

Yang 等[34]首次将压缩感知的思想应用到超分辨率领域,在自然图像超分辨率重建过程中,通过自动选取合成块的个数,取得了较好的超分辨率效果。在此基础上,Mallat 等[64]提出了一种基于稀疏混合估计的超分辨率算法,根据不同先验信息,自适应地混合一系列线性估计器得到新的估计器,在估计器的指导下,利用小波框架对图像进行自适应插值。Zeyde 等[65]提出先训练一个低分辨率字典,然后根据图像的降质过程,约束产生与之对应的高分辨率字典,实现超分辨率重建。Gao 等[60]提出了基于 HOG 特征,利用稀疏近邻嵌入(sparse neighbor embedding, SNE)方法实现超分辨率重建。Dong 等[23]提出了一种基于自适应稀疏域选择和自适应正则项选择的图像超分辨率算法。Jung 等[2]提出了利用凸优化替代 Ma 等[50]算法中的最小二乘估计的基于位置块稀疏表示的人脸超分辨率算法,取得了比 Ma 算法更好的效果。Jiang[52]在分析稀疏表示[34]、近邻表示[22]等特点的基础上,提出局部约束引导超分辨率重建算法。以上算法从不同的角度就改善基于稀疏表示的超分辨率算法性能进行了尝试,为后续研究奠定了基础并提供了有益的改进思路。

尽管基于位置块稀疏表示的超分辨率算法在理想超分辨率情况下（即对只有下采样的降质图像进行超分辨率重建）取得了较好的效果，但是，当低分辨率图像中同时具有噪声时，已有的超分辨率算法重建的效果会大大降低。主要原因在于基于稀疏编码的算法中字典是过完备的，这使得观察特征的细小变化都会导致字典中基表现出完全不同的反应。稀疏编码对观察特征比较敏感，这对最终图像的稀疏表示有很大影响。针对现有算法中存在的上述不足，本章提出一种基于 K 近邻稀疏编码均值约束的人脸超分辨率（face hallucination via K-selection mean constrained sparse coding，KNM-SC）算法。该算法具有以下特点。

（1）根据输入人脸图像块的位置不同，自适应地选择与之位置一致的高低分辨率字典对进行超分辨率重建。高低分辨率字典对中的原子项均为训练样本集中的原始样本图像块。由于训练样本集中的高低分辨率人脸图像事先经过对齐预处理，相同位置上的人脸图像块具有大量的先验信息。因此，基于人脸块位置的自适应字典选择和基于原始图像的原子项的构建，均有助于提高人脸图像超分辨率重建的字典表达能力，并且计算效率高。

（2）针对噪声对单个图像块的稀疏表示系数影响严重的问题，本章通过构建稀疏编码噪声模型，在标准稀疏编码框架下利用多个近邻块编码的期望来约束单个块的编码系数，使得在零均值情况下，高低分辨率空间人脸块的稀疏表示系数对噪声具有鲁棒性和一致性，从而提高超分辨率重建系数的表达精度，最终提高重建高分辨率人脸图像的质量。

2.2 图像超分辨率的稀疏表示模型

2.2.1 图像的稀疏表示

对图像信息进行有效表示，是开展各种图像处理和应用的前提与基础。图像表示的有效性要求用较少的信息描述图像的重要特征。近年来兴起的稀疏表示模型[13-16]被认为是一种有效的图像表示方式。它能够利用少数图像原子的线性合成来表示图像,在图像去噪[67]、检索[68]、超分辨率[69-72]等领域得到广泛应用。

假设 $I \in \mathbb{R}^N$ 为数字图像,大小为 $d_1 \times d_2$,即 $N = d_1 \times d_2$,字典 $D = \{\phi_i \in \mathbb{R}^N \mid i \in \Gamma\}$ 是一个 $N \times L(L \gg N)$ 的矢量集,矢量集中列矢量的大小为 N,$\alpha = \{\alpha_i, i \in \Gamma\}$ 是图像 I 在字典 D 上的分解系数。图像 I 可以表示为

$$I = \sum_{i \in \Gamma} \alpha_i \phi_i \tag{2-1}$$

$L \gg N$,所以图像 I 的分解系数 α 是不唯一的。图像稀疏分解的目标是从所有表示系数中找到最稀疏的一项,即该表示系数中非零分量的个数最少。L_0 范数常被用作稀疏性的度量函数。$\|\alpha\|_0$ 被定义为分解系数 α 中非零项的个数。因此在稀疏性约束下,图像 I 可以表示为

$$\min \|\alpha\|_0 \quad \text{s.t.} \ I = \sum_{i \in \Gamma} \alpha_i \phi_i \tag{2-2}$$

当图像 $I \in \mathbb{R}^N$ 是有噪声图像时,其稀疏表示的逼近项即可以满足应用要求。稀疏逼近问题可表示为

$$\min \|\alpha\|_0 \quad \text{s.t.} \ \left\| I - \sum_{i \in \Gamma} \alpha_i \phi_i \right\|_2^2 \leqslant \varepsilon \tag{2-3}$$

其中,ε 是逼近阈值(一般为小的正常数)。如果 $\varepsilon = 0$,则稀疏逼近问题转化为稀疏表示问题。式(2-3)可以转化为稀疏性约束的非线性逼近模型:

$$\min \left\| I - \sum_{i \in \Gamma} \alpha_i \phi_i \right\|_2^2 \quad \text{s.t.} \ \|\alpha\|_0 \leqslant A \tag{2-4}$$

其中,A 为非零系数个数阈值。实际应用中将式(2-2)、式(2-3)结合起来作为稀疏表示目标函数,如式(2-5)所示。通过正则化参数 λ 平衡稀疏性约束项和稀疏逼近误差之间的比例。

$$\arg\min_{\alpha} \left\| I - \sum_{i \in \Gamma} \alpha_i \phi_i \right\|_2^2 + \lambda \|\alpha\|_0 \tag{2-5}$$

从式(2-5)可知,图像稀疏表示问题最终转化为不同正则项约束下的优化问题。该问题是典型的非凸不适定问题,研究人员对此给出了近似解,即利用 L_1 范数代替式(2-5)中的 L_0 范数来求解,式(2-5)转化为以下线性规划问题:

$$\arg\min_{\alpha} \left\| I - \sum_{i \in \Gamma} \alpha_i \phi_i \right\|_2^2 + \lambda \|\alpha\|_1 \qquad (2\text{-}6)$$

研究证明，当字典 D 中原子具有不相干性且表示系数 α 足够稀疏时，式（2-6）的解唯一且与式（2-5）等价[16]。针对式（2-6）稀疏表示问题，近年来涌现了一系列优化求解方法[73-76]。

2.2.2 图像超分辨率重建

在稀疏表示理论的基础上，Yang 等[35]提出了一种新的基于字典学习和稀疏编码的图像超分辨率算法[21]。该算法主要包括冗余字典学习和高分辨率图像重建两个阶段。

冗余字典学习阶段的主要目标是通过训练样本图像的学习，得到一对高低分辨率字典。高低分辨率字典 D_H、D_L 分别可以通过式（2-7）、式（2-8）得到

$$D_H = \arg\min_{\{D_H, \alpha_H\}} \{\|I_H - D_H \alpha_H\|_2^2 + \lambda \|\alpha_H\|_1\} \qquad (2\text{-}7)$$

$$D_L = \arg\min_{\{D_L, \alpha_L\}} \{\|I_L - D_L \alpha_L\|_2^2 + \lambda \|\alpha_L\|_1\} \qquad (2\text{-}8)$$

其中，I_H、I_L 分别表示高低分辨率训练样本图像；α_H、α_L 分别表示 I_H、I_L 在字典 D_H、D_L 上的稀疏表示系数；λ 为正则化参数，用于平衡稀疏表示系数的稀疏性和对信号逼近的相似性。高分辨率字典中原子与低分辨率字典中原子具有一一对应关系。在图像超分辨率应用中，要求高分辨率原子块的稀疏表示系数与低分辨率原子块的稀疏表示系数具有一致性，即 $\alpha_H = \alpha_L$。因此，Yang 等[35]算法中通过联合字典学习的方式得到高低分辨率样本在各自字典上一致的稀疏表示系数，如式（2-9）所示。

$$\{D_H, D_L, \alpha\} = \arg\min_{\{D_H, D_L, \alpha\}} \left\{ \frac{1}{M} \|I_H - D_H \alpha\|_2^2 + \frac{1}{N} \|I_L - D_L \alpha_L\|_2^2 + \lambda \left(\frac{1}{M} + \frac{1}{N} \right) \|\alpha\|_1 \right\}$$

$$(2\text{-}9)$$

其中，M、N 分别表示高低分辨率图像块展开成矢量形式的维度；$1/M$、$1/N$ 分别为用于平衡高低分辨率字典学习的代价函数项。与式（2-9）等价的标准稀疏编码目标表达式如式（2-10）所示：

第 2 章 基于 K 近邻稀疏编码均值约束的人脸超分辨率算法

$$\{D,\alpha\} = \arg\min_{\{D,\alpha\}}\{\|I - D\alpha\|_2^2 + \lambda\|\alpha\|_1\} \tag{2-10}$$

其中

$$I = \begin{bmatrix} \dfrac{1}{\sqrt{M}} I_H \\ \dfrac{1}{\sqrt{N}} I_L \end{bmatrix}, \quad D = \begin{bmatrix} \dfrac{1}{\sqrt{M}} D_H \\ \dfrac{1}{\sqrt{N}} D_L \end{bmatrix} \tag{2-11}$$

通过迭代优化求解式（2-10），可以得到高低分辨率字典 D_H、D_L。输入训练样本集 I、初始字典 D、正则化参数 λ 后，迭代过程如下所示。

（1）固定字典 D，更新稀疏表示系数 α。通过优化求解下式：

$$\alpha = \arg\min_{\alpha}\|I - D\alpha\|_2^2 + \lambda\|\alpha\|_1$$

（2）固定稀疏表示系数 α，更新字典 D。通过优化求解下式：

$$D = \arg\min_{D}\|I - D\alpha\|_2^2 \ \text{s.t}\ \|D_i\|_2^2 \leqslant 1, \quad i = 1,2,\cdots,K$$

（3）循环迭代执行步骤（1）和步骤（2），直至满足结束条件。

在超分辨率重建阶段，包括两个过程：一是基于稀疏表示算法进行初步高分辨率图像重建，二是利用迭代反向投影方法优化稀疏表示算法重建得到的初步高分辨率图像，最终得到优化后的结果图像。基于稀疏表示的图像超分辨率算法过程如算法 2-1 所示。

算法 2-1　基于稀疏表示的图像超分辨率算法

步骤 1：输入为高低分辨率字典 D_H、D_L，正则化参数 λ，测试图像 I_t。
步骤 2：对于测试图像 I_t 上的每个图像块 I_t^p，执行以下操作：
（1）按下式求解图像块 I_t^p 的最优稀疏表示

$$\alpha^* = \arg\min_{\alpha}\|I - D\alpha\|_2^2 + \lambda\|\alpha\|_1$$

（2）生成图像块 I_t^p 的高分辨率块 $I_H^p = D_H\alpha$。
（3）融合生成的高分辨率块 I_H^p 得到初始高分辨率图像 I_o。
步骤 3：利用迭代反向投影方法优化重建得到的初步高分辨率图像 I_o。
步骤 4：输出为最终重建的高分辨率图像。

由于基于稀疏表示的图像超分辨率算法，不需要人工设定近邻个数，避免过

拟合或不足的问题，因而取得了较好的效果。该算法提出后引起了广泛的关注，后续涌现出了一系列的相关研究成果[2, 23, 49, 52, 64, 65]。

不过，稀疏表示过程中用到的字典具有冗余性，使得被稀疏编码对象上细小的噪声都会导致重建结果的巨大偏差，严重影响了基于稀疏表示的超分辨率重建的效果。另外，在稀疏表示过程中，通过学习，从训练样本图像中只得到一对高低分辨率字典，并将该字典用于对所有输入图像块的超分辨率重建，这样的字典不够灵活，限制了最优效果的发挥。

2.3 K 近邻稀疏编码均值约束鲁棒人脸超分辨率算法

本节将介绍 KNM-SC 算法，该算法针对基于标准稀疏编码的算法存在字典不够灵活、稀疏表示系数容易受噪声影响等问题，提出对应的解决办法。首先，利用人脸位置块信息对训练样本中的人脸图像块进行筛选，根据不同位置训练生成不同的高低分辨率字典对，重建过程中，根据人脸块位置差异，提供有针对性的、包含信息更加丰富的字典，进而提高字典的表达能力。其次，在标准稀疏编码的框架下，引入 K 近邻稀疏编码均值约束项，以解决单个块的稀疏编码系数容易受噪声影响的问题。

2.3.1 基于位置块的冗余字典学习算法

有效字典的选择对于取得良好稀疏表示效果具有重要意义[73, 77]。目前常用的冗余字典学习主要有三种：基于数学模型的解析字典[74]、基于训练集生成学习字典[73, 77]和直接将原始范例作为字典[2, 34, 35]。数学解析算法生成的字典是通用的字典，在表示人脸图像时不够灵活，表达能力有限。直接使用原始范例作为字典则面向的是海量大数据的处理方式，表达能力较好，但搜索空间巨大，计算量庞大。基于训练集的学习字典在表达能力和计算量方面均适中。本章算法中采用与文献[35]一样的字典学习方法，直接使用原始范例图像块作为字典原子项。当训练块数量足够大时，字典能够获得输入图像块的稀疏表示。

由于人脸较之自然图像更具有规则性，超分辨率算法有效地结合这些先验特征,可以获得更好的人脸重建结果。人脸图像分块的位置,如眼睛、鼻子、嘴等,包含了人脸图像重建的先验信息。因此,在构建学习字典的过程中,首先根据位置信息,对人脸图像分块进行聚类,同一位置上的分块作为一个训练集。

假设 $I_H=\{I_H^q\}_{q=1}^Q=[I_H^1,I_H^2,\cdots,I_H^Q]\in\mathbb{R}^{M\times Q}$ 和 $I_L=\{I_L^q\}_{q=1}^Q=[I_L^1,I_L^2,\cdots,I_L^Q]\in\mathbb{R}^{N\times Q}$ 分别表示对应的高低分辨率训练图像集矩阵,矩阵的列数 Q 表示训练图像数量,矩阵的行数 M、N 分别表示的是高低分辨率图像向量的维数,其中,$M=s^2N$,s 表示下采样的倍数。训练集中的每幅图像分割成 P 个小块。根据人脸图像的位置信息,所有的训练块可以分为 P 个集合。高低分辨率训练块集合表示为

$$\{I_{H,q}^1\}_{q=1}^Q,\{I_{H,q}^2\}_{q=1}^Q,\cdots,\{I_{H,q}^P\}_{q=1}^Q,\{I_{L,q}^1\}_{q=1}^Q,\{I_{L,q}^2\}_{q=1}^Q,\cdots,\{I_{L,q}^P\}_{q=1}^Q$$

不同于已有的人脸超分辨率算法,利用一个通用的学习字典,对人脸图像中的所有分块进行稀疏表示,这里对每个待重建的人脸图像块训练一个子字典。子字典中的原子项即相同位置上的人脸图像块形成的列矢量。根据人脸图像分块的多少,可获取两个冗余字典集合:

$$D_H=\{D_H^p\mid I_{H,q}^p,1\leqslant p\leqslant P,1\leqslant q\leqslant Q\}$$
$$D_L=\{D_L^p\mid I_{L,q}^p,1\leqslant p\leqslant P,1\leqslant q\leqslant Q\}$$
(2-12)

在对低分辨率人脸图像进行超分辨率重建的过程中,对于位置 p 上低分辨率图像块 I_L^p 和 I_H^p,利用与之对应的字典对 D_L^p 和 D_H^p 进行稀疏表示及重建。相同位置上的图像块集合会包含更多的先验信息,因此,在线为输入图像块训练一个学习字典的方法,能够得到更精确的稀疏表示。

2.3.2 K 近邻稀疏编码均值约束项构建

假设 $\{D_H,D_L\}$ 是高低分辨率字典对,I_L^p 表示低分辨率图像 I_L 中的一个图像块,则在低分辨率字典 D_L 下,I_L^p 的稀疏编码系数表示为

$$\alpha_L^p=\arg\min\|I_L^p-D_L\alpha_L^p\|_2+\lambda\|\alpha_L^p\|_1 \qquad (2\text{-}13)$$

式(2-13)右边,第一项是逼近误差项,第二项是稀疏约束项,λ 是稀疏约束项正则化参数,用来平衡误差项和稀疏项之间的比例;L_1 范数被用来代替 L_0 范数,

作为稀疏性度量函数，目的是方便等式的凸优化求解。求得低分辨率图像块 I_L^p 在字典 D_L 下的稀疏编码系数后，I_L^p 就可以稀疏地表示为

$$I_L^p = D_L \alpha_L^p \tag{2-14}$$

在图像超分辨率场景下，假设对应的高分辨率图像块和低分辨率图像块具有相同的稀疏表示系数。因此，低分辨率图像块的稀疏编码系数可以被映射到高分辨率图像块字典上，从而生成高分辨率图像块，即

$$I_H^p = D_H \alpha_H^p \approx D_H \alpha_L^p \tag{2-15}$$

为了保证 α_H^p 和 α_L^p 具有一致性，Nasrollahi 等[20]提出了采用联合字典训练的方法。

$$\{D_H, D_L, \alpha\} = \arg\min_{D_H, D_L, \alpha} \|I - D\alpha\|_2^2 + \lambda \|\alpha\|_1 \tag{2-16}$$

其中，$I = [I_H / \sqrt{W_1}, I_L / \sqrt{W_2}]^T$ 是联合高低分辨率块之后得到的列向量；$D = [D_H / \sqrt{W_1}, D_L / \sqrt{W_2}]^T$ 是高低分辨率联合字典；W_1 和 W_2 分别是高低分辨率图像块列向量的维数；$\alpha = [\alpha_1, \alpha_2, \cdots, \alpha_i]$ 是稀疏编码系数矩阵，每一列是一个图像块的稀疏表示向量。

在超分辨率应用中，输入图像不仅具有较低的分辨率，往往还有噪声等导致的较低图像质量。噪声的存在，使得高分辨率图像共享同样的稀疏表示系数的假设不成立。式（2-13）能保证 $D_L \alpha_L^p$ 尽量接近 I_L^p，但是却不能保证 $D_H \alpha_L^p$ 接近 I_H^p。这中间存在稀疏编码噪声，即 $v_\alpha = \alpha_H^p - \alpha_L^p$。稀疏编码噪声可以作为约束项，改进超分辨率图像块表示系数的精确度。带有稀疏编码噪声约束的目标函数为

$$\alpha_L^p = \arg\min \|I_L^p - D_L \alpha_L^p\|_2 + \lambda \|\alpha_L^p\|_1 + \beta \|\alpha_L^p - \alpha_H^p\|_{l_p} \tag{2-17}$$

其中，β 是稀疏编码噪声约束正则化参数；l_p 范数用于表示 α_L^p 和 α_H^p 之间的距离。α_H^p 是未知的，因此稀疏编码噪声无法直接计算。文献[51]提出了利用 α_H^p 的 K 近邻稀疏编码均值 $E[\alpha_H^p]$ 表示 α_H^p 的思路。假设稀疏编码噪声近似于零均值随机变量，那么 $E[\alpha_H^p]$ 就可以利用 $E[\alpha_L^p]$ 进行近似表示。式（2-13）可表示为

$$\alpha_L^p = \arg\min \|I_L^p - D_L \alpha_L^p\|_2 + \lambda \|\alpha_L^p\|_1 + \beta \|\alpha_L^p - E[\alpha_L^p]\|_{l_p} \tag{2-18}$$

这里采用加权的 K 近邻块的稀疏编码均值来表示 $E[\alpha_L^p]$，距离越远的近邻块，权重越小，反之，权值越大。输入图像块的 K 近邻稀疏编码均值，采用以下公式计算获得

$$E[\alpha_L^p] = \sum_{k \in N_p} \omega_{p,k} \alpha_{p,k} \qquad (2\text{-}19)$$

其中，$\alpha_{p,k}$ 是第 k 个近邻块的稀疏编码系数；$\omega_{p,k}$ 是第 k 个近邻块的稀疏编码系数的权重；N_p 表示图像块 p 的 k 个近邻块组成的集合，$k \in N_p$。

第 k 个近邻块的稀疏编码系数的权重，采用以下公式计算获得

$$\omega_{p,k} = \exp(-\|I_L^p - I_{L,k}^p\|_2^2/h)/C \qquad (2\text{-}20)$$

其中，I_L^p 表示输入低分辨率图像在位置 p 上的图像块；$h=10$ 为常数；C 为归一化。

2.3.3 正则化参数

正则化参数用来衡量数据拟合项和正则项之间的相对贡献量。正则化参数的设定对基于稀疏表示的超分辨率算法有重要影响。在超分辨率过程中，正则化参数过大，会出现欠拟合现象，造成图像的边缘、纹理等信息丢失；正则化参数过小，则会出现过拟合现象，导致噪声不能很好地被抑制[63]。为了避免参数设置不当的影响，Polatkan 等[78]在提出的超分辨率算法中直接采用无参数模型。通常正则化参数需具有以下属性：①与数据拟合项成正比；②与正则项成反比；③大于零。

现有超分辨率算法中关于正则化参数的选取，主要采取两类做法：一是根据经验，人工设定正则化参数，如文献[2]、[34]、[35]和[50]所示；二是采用自适应迭代方法设定正则化参数[23, 63]。前者的优点是简单可行，不足是需要经过多次试验，计算量大；后者的优点是能够根据噪声等信息自适应地调整正则化参数，不足是要事先知道噪声、正则项等先验信息。

Wang 等[63]提出在最大后验概率框架下计算正则化参数的算法。本章算法中采用自适应迭代方法设定正则化参数。

假设 $\nabla = \alpha_L^p - E[\alpha_L^p]$，$I_T$ 为测试图像，在 MAP 框架下 ∇、α_L^p 的估计可以表示为

$$(\alpha,\nabla) = \arg\max_{\alpha,\nabla} P(\alpha,\nabla \mid I_T) \tag{2-21}$$

根据贝叶斯定理，式（2-21）可以表示为

$$(\alpha,\nabla) = \arg\max_{\alpha,\nabla}\{P(I_T \mid \alpha,\nabla) \times P(\alpha,\nabla)\} \tag{2-22}$$

其中，$P(I_T \mid \alpha,\nabla)$ 为似然项，体现的是低分辨率图像的降质过程和超分辨率重建图像的保真度。$P(\alpha,\nabla)$ 为正则项，体现的是目标高分辨率图像的先验知识与约束。假设噪声为高斯加性噪声，似然项表示为

$$P(I_T \mid \alpha,\nabla) = \frac{1}{\sqrt{2\pi}\sigma_n}\exp\left(-\frac{1}{2\sigma_n^2}\|I_L - D_L\alpha_L\|_2^2\right) \tag{2-23}$$

其中，σ_n 表示噪声的标准差。

正则项由 L_1 和 L_2 范数共同组成，分别符合拉普拉斯分布和高斯分布，表示为

$$P(\alpha,\nabla) = \prod_i \frac{1}{\sqrt{2}\sigma_i}\exp\left(-\frac{|\alpha_i|}{\sigma_i}\right) \times \prod_i \frac{1}{\sqrt{2\pi}\delta_i}\exp\left(-\frac{\|\theta_i\|_2^2}{2\delta_i^2}\right) \tag{2-24}$$

其中，σ_i 表示 α 的标准差；δ_i 表示 ∇ 的标准差，将式（2-23）、式（2-24）代入式（2-22），则有

$$\begin{aligned}\alpha = \arg\max_{\alpha,\nabla}&\left\{\frac{1}{\sqrt{2\pi}\sigma_n}\exp\left(-\frac{1}{2\sigma_n^2}\|I_L - D_L\alpha_L\|_2^2\right) \times \prod_i \frac{1}{\sqrt{2}\sigma_i}\exp\left(-\frac{|\alpha_i|}{\sigma_i}\right)\right.\\ &\left.\times \prod_i \frac{1}{\sqrt{2\pi}\delta_i}\exp\left(-\frac{\|\nabla_i\|_2^2}{2\delta_i^2}\right)\right\}\end{aligned} \tag{2-25}$$

$$= \arg\min\left\{\|I - D\alpha\|_2^2 + \sum_i \frac{2\sqrt{2}\sigma_n^2}{\sigma_i}\|\alpha_i\|_1 + \sum_i \frac{2\sqrt{2}\sigma_n^2}{\delta_i^2}\|\nabla_i\|_2^2\right\}$$

$$= \arg\min\{\|I - D\alpha\|_2^2 + \lambda\|\alpha\|_1 + \beta\|\nabla\|_2^2\}$$

$$\lambda = \frac{2\sqrt{2}\sigma_n^2}{\sigma}, \beta = \frac{2\sqrt{2}\sigma_n^2}{\delta^2} \tag{2-26}$$

式（2-26）中，σ、δ 和 σ_n 可以从训练样本的稀疏表示系数和重建误差中估计得到。初始系数可以通过标准的稀疏编码方法计算得到，重建误差通过 $e = I_L - D_L\alpha$ 计算得到。当从训练样本中得到一系列的稀疏表示系数和重建误差项后，利用最大似然法计算得到参数 σ、δ 和 σ_n 值，进而确定正则化参数 λ 和 β 的数值。

人脸超分辨率过程是从低分辨率观测图像中恢复出高分辨率人脸图像的过程，是典型的一对多问题，解不具有唯一性。从数学角度看，该过程是 Hardmard 意义下的不适定问题（inposed problem）或称为反问题（inverse problem）。通过正则化方法，设置合理的正则项和正则化参数，将可以有效地得到最优解。

2.3.4 目标函数优化

因为有两个未知数，所以式（2-18）是非凸函数，无法直接求解。首先需要根据 K 近邻，计算稀疏编码均值 $E[\alpha_L^p]$。完成 $E[\alpha_L^p]$ 求解后，式（2-18）变成了凸函数，可以采用线性规划方法求解。这里采用 l_2 范数代替 l_p 范数来衡量稀疏编码噪声。式（2-18）表示为

$$\alpha_L^p = \arg\min \| I_L^p - D_L^p \alpha_L^p \|_2 + \lambda \| \alpha_L^p \|_1 + \beta \| \alpha_L^p - E[\alpha_L^p] \|_2 \quad (2\text{-}27)$$

为了能够利用 L_1 范数约束最小二乘法对式（2-27）进行求解，式（2-27）变换为以下等式求解。

$$\alpha_L^p = \arg\min \| Z - S\alpha_L^p \|_2 + \lambda \| \alpha_L^p \|_1 \quad (2\text{-}28)$$

其中，$Z = \begin{pmatrix} I_L^p \\ \beta E[\alpha_L^p] \end{pmatrix}$；$S = \begin{pmatrix} D_L^p \\ -\beta \end{pmatrix}$。

式（2-28）是典型的 LASSO 或基追踪问题，有很多现成的方法求解，如 K-SVD[58]、BP[59]等。这里采用 K-SVD 方法求解。通过系数映射实现高分辨率图像块重建，即 $I_H^p = D_H^p \alpha_L^p$。

本章提出算法（KNM-SC 算法）的详细过程如算法 2-2 所示。

算法 2-2 KNM-SC 算法

步骤 1：输入为训练集 I_H、I_L，低分辨率图像为 I_T，块大小为 patch_size，交叠部分大小为 overlap。

步骤 2：将训练集中的图像、输入图像分割成小图像块。

步骤 3：利用标准稀疏编码方法计算训练集图像块的稀疏编码系数和重建误差，计算得到 σ、δ 和 σ_n 参数值。

步骤 4：计算正则化参数为 $\lambda = \dfrac{2\sqrt{2}\sigma_n^2}{\sigma}, \beta = \dfrac{2\sqrt{2}\sigma_n^2}{\delta^2}$。

步骤 5：对低分辨率输入图像 I_T 上的每个图像块 I_T^p

（1）计算输入图像块 I_T^p 的 K 近邻稀疏编码均值：

$$E[\alpha_L^p] = \sum_{k \in N_p} \omega_{p,k} \alpha_{p,k}$$

（2）计算输入图像块 I_T^p 的稀疏编码系数：

$$\alpha_L^p = \arg\min \| I_L^p - D_L^p \alpha_L^p \|_2 + \lambda \| \alpha_L^p \|_1 + \beta \| \alpha_L^p - E[\alpha_L^p] \|_2$$

（3）生成高分辨率图像块 $I_T^{*p} = D_H^p s_p$。

步骤 6：交叠生成的高分辨率图像块，得到最终高分辨率图像块 I_T^*。

步骤 7：输出为高分辨率图像 I_T^*。

在文献[21]中采用马尔可夫网络的兼容函数对相邻块的兼容问题进行处理，但该方法运算量大，且收敛性不好。本章算法中，原始图像分块时就采用交叠分割方法，因此在重建的时候可以直接采用算术平均方法[79]进行兼容处理。相邻块相容处理策略示意图如图 2-1 所示。在交叠区域的像素值根据交叠位置上的像素值之和除以交叠的次数得到。利用交叠平均策略，可以有效地消除块效应，提高相邻块兼容问题。

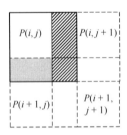

图 2-1 相邻块兼容处理策略示意图

2.4 实验结果及分析

本节将通过实验来验证所提出的 KNM-SC 算法的性能。主要验证：KNM-SC 算法超分辨率重建结果图像的主观视觉效果（主观质量）、重建结果较之原始高分辨率图像失真情况（客观质量）、算法对噪声的鲁棒性等。

本节所有的实验均在 MATLAB 7.8（R2009a）环境下展开测试，代码运行的硬件环境是双核 3.2GHz CPU，8GB RAM，操作系统为 64 位 Windows 7。

与前沿的算法进行比较，以验证 KNM-SC 算法的先进性。参照算法为：双三次插值（bicubic interpolation，BI）算法、Ma 等[50]提出的基于块位置的算法、Jung 等[2]提出的 L1 凸优化算法、Dong 等[23]提出的非局部集中稀疏表示算法。

2.4.1 CAS-PEAL-R1 库简介

本章所提出的 KNM-SC 算法是基于学习的单帧图像超分辨率算法之一。该类算法由两部分组成：一是学习过程；二是重建过程。学习过程将从给定的高低分辨率图像样本对训练集中学习得到高低分辨率图像之间的映射关系，也是学习得到关于图像降质的先验信息。重建过程将利用学习得到的先验信息从低分辨率测试图像中重建出高分辨率图像。

为了验证本章提出的算法，采用中国科学院人脸数据集 CAS-PEAL-R1[1]作为学习过程和重建过程测试的标准图像。CAS-PEAL-R1 中共包含 1040 个人的 30 900 幅人脸图像，其中正面正常条件下的中性表情人脸图像 1040 幅，其他涵盖姿态、表情、饰物、光照、背景、距离、年龄等变化条件，详见表 2-1。实验中选用均匀光照条件下，1040 个人的正面中性表情人脸图像作为训练和测试数据集。

表 2-1 CAS-PEAL-R1 的 8 个数据子集

子集	种类数	人数	图像数
正面	1	1 040	1 040
表情	5	377	1 884
光照	≥9	233	2 450
饰物	6	438	2 646
背景	2~4	297	650
距离	1~2	296	324
年龄	1	66	66
姿势	21	1 040	21 840

2.4.2 算法参数设置

从中国科学院人脸数据集 CAS-PEAL-R1 中选取 1040 幅正面中性表情人脸图像，抠取面部图像，调整大小为 112 像素×100 像素。在每幅人脸图像上选取双眼中心、鼻尖、嘴角等特征点，利用仿射变换对 1040 幅图像进行对齐，对齐后人脸如图 2-2 所示。将对齐后的人脸图像，进行降质处理，得到与高分辨率图像对应的低分辨率人脸图像。降质过程如下所示：

$$y = DBX + n \tag{2-29}$$

其中，X, y 分别表示高低分辨率人脸图像；B 表示模糊核为 8×8 的平均模糊操作；D 表示 4 倍下采样操作；n 表示均方差为 12 的高斯加性噪声。在高低分辨率人脸图像对中，随机选取 1000 幅人脸图像作为训练样本，剩下的 40 幅人脸图像作为测试图像。图像分块的大小为 8 像素×8 像素，相邻块交叠 32 像素（即左右交叠 8 像素×4 像素，上下交叠 4 像素×8 像素）。

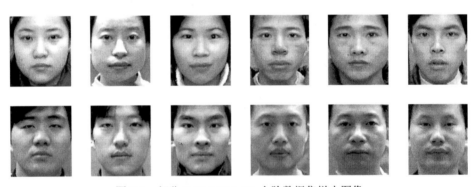

图 2-2　部分 CAS-PEAL-R1 人脸数据集样本图像

为了便于比较，所有方法的块大小都设置为 8 像素×8 像素，相邻块交叠 32 像素。参照算法中的参数均设置为最优：Jung 算法[2]中的正则化参数设置为 0.1。

2.4.3 不同算法主客观对比结果

图 2-3 为主观质量比较。图 2-3（a）为低分辨率人脸图像，（b）～（f）分别

是 BI 算法、Ma 等[50]算法、Jung 等[2]算法、Dong 等[23]算法和本章提出算法重建的结果图像,(g)是原始高分辨率图像。从图 2-3 中可以看出,BI 算法重建的结果非常平滑,但是不够清晰,也难以辨识。Ma 等[50]和 Jung 等[2]提出的算法都是基于块位置的人脸超分辨率算法,较之 BI 算法,结果图像的清晰度有了明显的改进。但是,Ma 等[50]算法和 Jung 等[2]算法在重建图像的轮廓边缘都有明显的鬼影效应。Ma 等[50]算法在重建的人脸图像的局部上有较明显的人工现象。较之参考算法,本章提出的基于 K 近邻稀疏编码均值约束的人脸超分辨率算法(KNM-SC)明显地改善了重建结果图像的清晰度,也减少了重建带来的人工效应和鬼影效应。本章提出的算法取得了比参考算法好的主观质量。

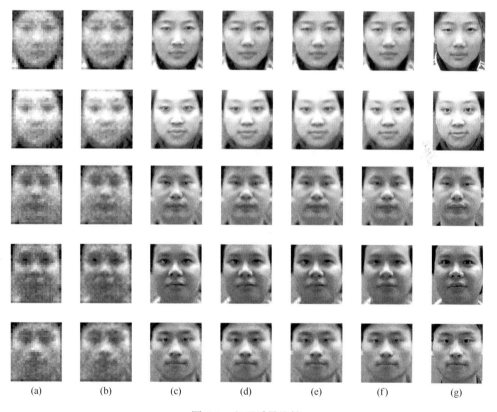

图 2-3 主观质量比较

(a)为低分辨率人脸图像;(b)~(f)分别是 BI 算法、Ma 等[50]算法、Jung 等[2]算法、Dong 等[23]算法和本章提出算法(KNM-SC)重建的结果图像;(g)是原始高分辨率图像

为了进一步验证本章提出算法（KNM-SC）的有效性和先进性，对以上算法重建的人脸图像的客观质量进行了比较。这里采用峰值信噪比、结构相似性（structural similarity，SSIM）[80]两个评价标准来衡量重建结果图像的客观质量。

PSNR 计算公式如下：

$$\text{PSNR} = 10\lg\left(\frac{(2^n-1)^2}{\text{MSE}}\right) \quad (2\text{-}30)$$

$$\text{MSE} = \frac{1}{L \times M}\sum_{i=1}^{L}\sum_{j=1}^{M}(X(i,j)-Y(i,j))^2 \quad (2\text{-}31)$$

其中，X, Y 分别表示当前图像和参照图像，二者分辨率大小是 L 像素×M 像素，像素深度为 n；MSE 表示 X 和 Y 的均方误差（mean square error，MSE）。PSNR 的单位是 dB，数值越大表示失真越小。

SSIM 计算公式[80]如下：

$$\text{SSIM} = l(X,Y) \cdot c(X,Y) \cdot s(X,Y) \quad (2\text{-}32)$$

其中，$l(X,Y)$、$c(X,Y)$、$s(X,Y)$ 分别表示亮度、对比度、结构对比函数，具体计算过程见文献[80]。SSIM 值越大，表明当前图像与参考图像越相似。

由表 2-2 所示的客观质量比较结果可知，较之参照算法，利用本章提出的算法（KNM-SC）重建的结果图像在客观质量方面具有更低的均方根误差（root mean square error，RMSE），更高的 PSNR 和 SSIM 值，RMSE 值越小越好，PSNR 和 SSIM 值均是越大越好，这表明本章的算法重建的结果图像更接近于原始的高分辨率图像。

表 2-2 客观质量比较结果

算法指标	BI 算法	Ma 等算法	Jung 等算法	Dong 等算法	本章算法（KNM-SC）
RMSE	22.537 4	11.254 7	10.857 3	11.305 3	9.746 5
PSNR	21.109 6	28.139 0	28.653 1	28.032 91	28.989 5
SSIM	0.594 1	0.863 1	0.873 4	0.859 4	0.897 7

总之，无论从人眼视觉效果，还是客观评价指标，均表明本章提出的算法可以更好地对人脸图像进行超分辨率处理，获得更好的图像重建质量。

2.4.4 算法噪声鲁棒性测试

为了验证本章提出方法对噪声的鲁棒性，采用具有不同噪声水平的低分辨率图像作为输入图像。低分辨率图像的高斯噪声方差分别为 10、12、14。测试算法中的参数都采用固定参数。图 2-4 给出了不同比较算法在不同噪声水平下，重建结果图像的平均 PSNR 值。从图中可以看出，本章算法均取得了最高的 PSNR 值。这表明，较之参照算法，本章的算法对噪声具有更强的鲁棒性。

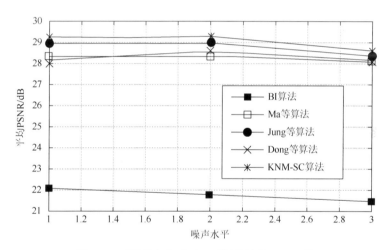

图 2-4 不同噪声水平下，不同算法的 PSNR 值

图 2-5 给出了实际监控场景下低分辨率人脸图像超分辨率结果。选取实际视频监控环境下获取的 CIF 图像（352 像素×288 像素），如图 2-5（a）所示，从中抠取低分辨率人脸图像（图 2-5（b）），并进行对齐和光照归一化处理，得到输入低分辨率人脸图像，如图 2-5（c）所示。将输入图像分别利用 BI 算法、Ma 等[50]算法、Jung 等[2]算法、Dong 等[23]算法和本章提出算法进行超分辨率重建，结果图像如图 2-5（d）～（h）所示。可以看出基于 K 近邻稀疏编码均值约束的算法的结果最忠实于原始图像，且具有最好的清晰度。

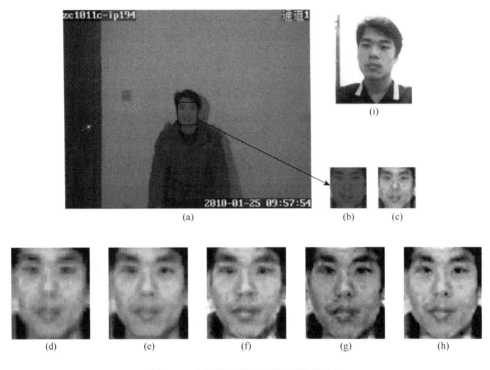

图 2-5 实际监控场景下超分辨率结果

（a）监控视频图像；（b）从监控视频图像中抠取的低分辨率人脸图像；（c）输入低分辨率人脸图像；（d）～（h）分别是 BI 算法、Ma 等[50]算法、Jung 等[2]算法、Dong 等[23]算法和本章提出算法（KNM-SC）重建的结果图像；

图 2-6 进一步给出了监控场景获取的低分辨率人脸图像。按照上述预处理方法得到输入低分辨率人脸图像，分别利用 BI 算法、Ma 等[50]算法、Jung 等[2]算法、Dong 等[23]算法和本章提出算法（KNM-SC）进行超分辨率重建。图 2-7 为重建结果图像，进一步验证了本章提出算法（KNM-SC）的有效性。

图 2-6 监控场景原始图像

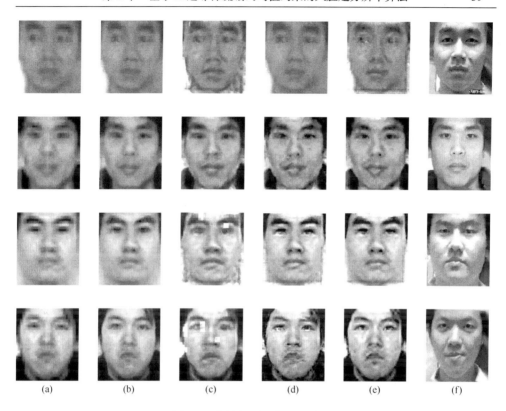

图 2-7　监控场景图像主观质量

（a）～（e）分别是 BI 算法、Ma 等[50]算法、Jung 等[2]算法、Dong 等[23]算法和本章提出算法（KNM-SC）重建的结果图像；（f）是原始高分辨率图像

2.5　本章小结

本章首先介绍了图像的标准稀疏编码模型和基于该模型进行图像超分辨率的一般过程，在此基础上分析了基于标准稀疏编码模型的图像超分辨率算法存在的不足。针对现有超分辨率算法存在的稀疏编码表达精度容易受噪声影响的问题，提出一种基于 K 近邻稀疏编码均值约束的人脸超分辨率算法。通过构建稀疏编码噪声模型，在标准稀疏编码框架下利用多个近邻块编码的期望来约束单个块的编码系数，使得在零均值情况下，高低分辨率空间人脸块的稀疏表示系数对噪声具有鲁棒性和一致性，从而提高超分辨率重建系数的表达精度，最终提高重建高分辨率人脸图像的质量。在本章提出的算法中，还对正则项约束稀疏编码算法中的

正则化参数值选择问题进行了探讨。对于重建的结果图像块融合问题，采用简单有效的算术平均交叠方法替代复杂的块兼容函数。最后基于中国科学院 CAS-PEAL-R1 人脸库和监控视频条件下的人脸图像验证了提出算法的有效性和先进性。

第 3 章　基于高维图约束稀疏编码的人脸超分辨率算法

3.1　概　　述

选择有效的字典对于取得良好稀疏表示效果具有重要意义[73,77]。从 2.1 节的介绍知道，除了人脸块精确的块表示（编码），有效的样本空间（或字典）训练也是基于局部模型的人脸超分辨率算法取得良好效果的关键之一。本章重点关注基于稀疏表示框架下有效的样本空间（或字典）训练问题。

传统的稀疏编码算法中，样本空间训练的目的主要是获取能够对样本形成稀疏表示的冗余字典。目前常用的冗余字典学习主要有三种：基于数学模型的解析字典[74]、直接使用原始范例作为字典[2,34,35]和基于训练集生成的学习字典[73,77]。由于数学解析算法是基于特定的数学模型生成具有通用性的字典，当表示人脸图像时不够灵活，表达能力有限。直接使用原始范例作为字典则面向的是海量大数据的处理方式，表达能力较好，但搜索空间巨大，计算量庞大。另外，采用范例字典所需要用到的具有大量相似结构信息的海量样本收集也比较困难。基于训练集生成的学习字典在表达能力和计算量方面均适中，因此，本章算法中主要采用基于训练集生成的学习字典方案。

在超分辨率算法中用到的冗余字典与标准的稀疏编码算法中用到的字典有很大不同，主要体现在两方面：一是字典个数不同，在标准的稀疏编码算法中只需要用到一个冗余字典，但在超分辨率应用中则要用到一对冗余字典；二是超分辨率应用中的两个字典除了要求能有效地表达各自样本，还必须保证能有效地表达高低分辨率空间的一致性映射关系。

对于高低分辨率空间的一致性映射关系的学习，不少研究者尝试通过回归的算法来实现，该算法引起了广泛关注。如核岭回归（kernel ridge regression，KRR）[81]、核偏最小二乘（kernel partial least squares，KPLS）法[82]都被用于学习高低分辨率训练样本间的映射函数。Huang 等[83]提出利用局部线性变换（local linear transformations，LLT）来预测高频信息。文献[84]中，观测对象中丢失的像素信息则通过高斯处理回归来进行估计。Timofte 等[3]提出了基于锚点近邻回归（anchored neighborhood regression，ANR）的超分辨率算法，通过 ANR 来学习得到有效的稀疏表示冗余字典，并得到与字典中原子相匹配的回归量，该算法获得了与前沿算法相当的效果。

围绕超分辨率算法中的具有一致性稀疏表示的字典学习问题，研究人员开展了一系列的深入研究[77, 85-99]。为了保证高低分辨率字典对在不同的分辨率空间具有一致的流形结构，Yang 等[85]提出将高低分辨率原子级联起来，作为一个整体原子进行字典学习，学习完成之后再将高低分辨率原子矢量分开，得到具有一致流形结构的字典对。级联字典学习的算法在很多文献中得到了应用[86, 87, 92, 93]。除此之外，Mairal 等[90]提出了任务驱动字典学习算法，Shi 等[88]提出 PCA 字典对学习算法，Xu 等[89]提出利用单个字典进行人脸超分辨率的算法。为了解决字典学习过程中计算量巨大的问题，Mairal 等[77]提出了在线字典学习算法并在实时目标跟踪[100]、视频编码[101]等领域得到了应用。

然而，已有的基于稀疏表示超分辨率算法的字典学习过程中没有考虑人脸五官的结构信息，在编码过程忽略了局部特征的近邻结构，从而影响了冗余字典的表达能力。再加上稀疏表示字典的过完备性，使得观察特征的细小变化都会导致字典中基函数合成结果不稳定，这对图像块的稀疏表示精度有很大影响。最近研究表明，保持数据内部的局部拓扑结构能有效地改善稀疏编码的效果[102-104]。受相关研究的启发，本章提出一种基于高维图约束稀疏编码（HRM graph constrained sparse coding，HRM-GSC）的人脸超分辨率算法。该算法具有以下特点。

（1）在训练阶段，三方面措施用于提高冗余字典的表达能力：一是利用人脸的位置信息对样本进行聚类，保持人脸块的全局信息；二是利用高维图约束稀疏编码进行字典的学习，保持人脸块的局部信息，同时，高维图未受降质影响，更能体现重建目标块的近邻特征；三是利用联合训练高低分辨率冗余字典，保持高低分辨率字典对在内部流形结构上的一致性。

（2）在重建阶段，K 近邻稀疏编码均值约束用于消除超分辨率重建过程中的稀疏编码噪声影响，以提高高分辨率人脸图像重建系数的精度。

3.2 图约束稀疏编码

3.2.1 图的构建

谱图理论[105]和流形学习理论[106]的研究表明，散布点的局部几何结构可以通过近邻图进行有效的建模。这里简要介绍近邻图的构建过程。

假设 $X = [x_1, x_2, \cdots, x_N] \in \mathbb{R}^{M \times Q}$ 是一个数据集，M 表示数据集维数，Q 表示数据集中元素的个数。基于数据集 X 构建的图表示为 $G = (V, W)$，其中，$V = Q$ 表示该图中顶点的个数，每个数据点作为图的一个顶点。每两个顶点（顶点 i 和顶点 j）之间用无向边 $w_{i,j}$ 连接，$w_{i,j}$ 表示两个顶点之间的相似性，数据集 X 的相似性矩阵表示为 $W = [w_{i,j}]_{Q \times Q}$。主要有三种方法计算顶点之间的权重：0-1 权重法、热核权重法和点积权重法[106]。由于热核权重法更适合于图像处理，这里采用热核权重法计算顶点之间的相似性权重。欧氏距离空间的热核权重表示为

$$w_{i,j} = \exp(-\| x_i - x_j \|_2^2 / h) / c_i \tag{3-1}$$

其中，h 为常数，$h > 0$，其值取决于期望的稀疏编码系数权重的分布幅度，期望的稀疏编码系数权重的分布幅度大，则 h 取值大权重矩阵 W 表示为

$$W = \begin{cases} w_{i,j}, & x_i \in N_k(x_j) \text{或} x_j \in N_k(x_i) \\ 0, & \text{其他} \end{cases} \tag{3-2}$$

其中，$N_k(x_i)$ 表示数据点 x_i 的 K 近邻数据集合；权重矩阵 W 包含了整个数据空间的几何结构信息。基于以上图模型，将每个人脸图像块作为一个数据点，从而可以实现训练样本库的几何结构图的构建。

3.2.2 图约束正则项

受稀疏编码[16]和流形学习理论[106]的启发，Zheng 等[107]提出了基于图约束稀疏编码的图像表示方法。Zhang 等[108]通过同步图的构建和稀疏编码实现数据降维。Lu 等[109]提出了基于图约束稀疏编码的自然图像超分辨率算法。这里简要介绍图约束稀疏编码。

假设 $X=[x_1,x_2,\cdots,x_N]\in\mathbb{R}^{M\times Q}$ 表示原始数据矩阵，$D=[d_1,d_2,\cdots,d_L]\in\mathbb{R}^{M\times L}$ 表示字典矩阵，$S=[s_1,s_2,\cdots,s_N]\in\mathbb{R}^{L\times Q}$ 表示数据集 X 在字典 D 上的稀疏编码系数矩阵。对数据集 X 进行稀疏编码的目的在于找到一个字典矩阵 D 和一个稀疏系数矩阵 S，使得二者的乘积能够尽可能地逼近原始数据矩阵。稀疏编码的目标函数表示为

$$\min_{D,S} \| X - DS \|_2^2 + \lambda \| S \|_1 \tag{3-3}$$

其中，第一项为逼近误差项；第二项为稀疏性约束项；λ 为正则化参数，用于平衡逼近误差和稀疏性之间的权重。

基于数据集 X 构建的图表示为 $G=(V,W)$，每个数据点作为图的一个顶点。每两个顶点之间用无向边 $w_{i,j}$ 连接，$w_{i,j}$ 表示顶点 i 和顶点 j 之间的相似性，数据集 X 的权重矩阵表示为 $W=[w_{i,j}]_{Q\times Q}$。为了实现原始数据集内部的图几何结构向稀疏编码系数空间的映射，通常假设在欧氏距离空间近邻的两个原始数据点 x_i 和 x_j，在稀疏编码系数空间的表示系数 s_i 和 s_j 也是近邻的。该假设得到了大量实践的验证[105-110]。因此，将图 $G=(V,W)$ 映射到稀疏表示系数 S，可以通过构建以下正则项[107]：

$$\begin{aligned}
&\frac{1}{2}\sum_{i=1}^{N}\sum_{j=1}^{N}\| x_i - x_j \|^2 w_{ij} = \frac{1}{2}\sum_{i=1}^{N}\sum_{j=1}^{N}\| s_i - s_j \|^2 w_{ij} \\
&= \| S - SW \|^2 = \| (S-SW)^\mathrm{T} \|^2 \\
&= \mathrm{Tr}(S(I-W)(I-W)^\mathrm{T} S^\mathrm{T}) = \mathrm{Tr}(SLS^\mathrm{T})
\end{aligned} \tag{3-4}$$

其中，I 为单元矩阵；$L=(I-W)(I-W)^\mathrm{T}$。将 K 近邻图约束正则项结合到标准的稀疏编码框架中，新的优化问题可以表示为

$$\min_{D,S} \| X - DS \|^2 + \lambda \| S \|_1 + \beta \mathrm{Tr}(SLS^\mathrm{T}) \qquad (3\text{-}5)$$

其中，常数 β 用于平衡 K 近邻图约束项在优化过程中的比重。式（3-5）同时拥有两个变量 D 和 S，是一个非凸优化问题，无法正常求解。这里通过 K-SVD 方法[75]采用迭代方法求解式（3-5），其主要过程是先固定一个变量，求解另一个变量，交替进行直至得到最优化的解。

流形理论[106]认为，高低维数据在流形空间共享有相似的流形结构，原始数据往往更依赖于嵌在高维数据中的低维子流形结构。在实际超分辨率应用中，通过在稀疏编码方法的冗余字典训练步骤中引入 K 近邻图约束稀疏编码，可以进一步提高字典的表达能力。

3.3 高维图约束一致性人脸超分辨率算法

作为基于稀疏编码的超分辨率算法之一，本章提出的基于高维图约束稀疏编码的人脸超分辨率算法（HRM-GSC）主要包括字典训练和高分辨率人脸图像重建两个阶段。与之相对应，本章算法需要解决的两个关键问题是如何获取具有较强表达能力的冗余字典，以及如何获取具有更高精度的重建系数。在本节后续内容的介绍中，将首先给出上述问题的形式化定义和解决方法，然后详细介绍针对不同阶段采用不同正则项优化求得最优解的机理和详细过程。

3.3.1 符号定义及问题提出

假设高低分辨率人脸图像训练样本集分别是

$$I_\mathrm{H} = \{I_{\mathrm{H},q}\}_{q=1}^Q, I_\mathrm{L} = \{I_{\mathrm{L},q}\}_{q=1}^Q$$

其中，Q 表示训练样本集中样本的个数；q 表示训练样本的编号。每幅高分辨率人脸图像被分割为 P 个相互交叠的小图像块集合，表示为 $\{I_{\mathrm{H},q}^p | 1 \leq p \leq P, 1 \leq q \leq Q\}$。同样，每张低分辨率人脸图像被分割为 P 个相互交叠的小图像块集合，表示为 $\{I_{\mathrm{L},q}^p | 1 \leq p \leq P, 1 \leq q \leq Q\}$，$P = V \times H$，$V$、$H$ 分别是人脸图像在水平和

垂直方向上被分割成的图像块个数，P 表示人脸图像被分割的图像块个数。

假设输入低分辨率人脸图像为 I_{in}，输出高分辨率人脸图像为 I_{out}，超分辨率过程可以视为利用低分辨率输入人脸图像和训练样本集，推导出高分辨率人脸图像的过程。根据贝叶斯定理，可以形式化表示为

$$I_{out} = \arg\max_{I_{out}} P(I_{out} | I_{in}) = \arg\max_{I_{out}} \frac{P(I_{in} | I_{out})P(I_{out})}{P(I_{in})} \quad (3\text{-}6)$$

由于 $P(I_{in})$ 是保持常量，最大后验概率实际转化为最大化似然 $P(I_{out} | I_{in})$ 和先验分布 $P(I_{out})$ 乘积即

$$I_{out} = \arg\max_{I_{out}} P(I_{out} | I_{in}) P(I_{out}) \quad (3\text{-}7)$$

为了计算最大后验概率估计，假设低分辨率人脸图像 I_{in} 是受加性高斯噪声影响而降质得到的，因此

$$P(I_{in} | I_{out}) = \frac{1}{\sigma\sqrt{2\pi}} \exp\left(-\frac{1}{2\sigma^2} \| I_{in} - I_{out} \|_2^2\right) \quad (3\text{-}8)$$

在基于稀疏编码的超分辨率算法中，一幅图像通常被表示为基于过冗余字典的稀疏线性组合。用 D 表示字典，S 表示稀疏系数矩阵，式（3-8）可以转化为

$$P(I_{in} | I_{out}) = \frac{1}{\sigma\sqrt{2\pi}} \exp\left(-\frac{1}{2\sigma^2} \| I - DS \|_2^2\right) \quad (3\text{-}9)$$

先验分布 $P(I_{out})$ 转化为稀疏系数矩阵，可以用拉普拉斯分布进行建模：

$$P(I_{out}) = P(S) = \frac{1}{\sqrt{\pi\upsilon}} \exp\left(-\frac{\| S \|_1}{\upsilon}\right) \quad (3\text{-}10)$$

由式（3-7）、式（3-9）和式（3-10）有

$$\begin{aligned}
I_{out} &= \arg\max_{I_{out}} \frac{1}{\sigma\sqrt{2\pi}} \exp\left(-\frac{1}{2\sigma^2} \| I - DS \|_2^2\right) \frac{1}{\sqrt{2\upsilon}} \exp\left(-\frac{\| S \|_1}{\upsilon}\right) \\
&= \arg\max_{I_{out}} \frac{1}{\sigma\sqrt{2\pi}} \frac{1}{\sqrt{2\upsilon}} \exp\left(-\frac{1}{2\sigma^2} \| I - DS \|_2^2 - \frac{\| S \|_1}{\upsilon}\right) \\
&= \arg\min_{I_{out}} \frac{1}{\sigma\sqrt{2\pi}} \frac{1}{\sqrt{2\upsilon}} \exp\left(\frac{1}{2\sigma^2} \| I - DS \|_2^2 + \frac{\| S \|_1}{\upsilon}\right) \\
&= \arg\min_{I_{out}} \left(\| I - DS \|_2^2 + \frac{2\sigma^2}{\upsilon} \| S \|_1 \right)
\end{aligned} \quad (3\text{-}11)$$

将 $\lambda = \dfrac{2\sigma^2}{\upsilon}$ 代入式（3-11），有

$$S^* = \arg\min_{S}\{\|I - DS\|_2^2 + \lambda\|S\|_1\} \tag{3-12}$$

其中，$\|I-DS\|_2^2$ 为保真项；$\|S\|_1$ 为稀疏正则项；参数 λ 用于平衡保真项和稀疏正则项之间的权重。在传统的基于稀疏编码的超分辨率算法中，往往只采用稀疏性作为编码系数约束项。事实上，在不同应用场景中，有很多关于稀疏编码系数的先验信息。所以，改进的基于稀疏编码的超分辨率算法可以表示为

$$S^* = \arg\min_{S}\{\|I - DS\|_2^2 + \lambda\|S\|_1 + \mu\varphi(S)\} \tag{3-13}$$

其中，$\varphi(S)$ 是关于稀疏编码系数的先验信息项，例如，非局部自相似性、局部性等。在实际应用中，字典 D 可能不固定或者不是最优化的字典，稀疏编码过程中需要同步优化字典和稀疏编码系数。在这种情况下，目标函数表示为

$$\{D, S\} = \arg\min_{D, S}\{\|I - DS\|_2^2 + \lambda\|S\|_1 + \mu\varphi(S)\} \tag{3-14}$$

3.3.2 高维图约束子字典对学习

字典的选择对稀疏表示算法的成功应用至关重要。在字典训练阶段，目标是根据输入低分辨率图像块训练得到一系列高低分辨率字典对。在本章算法中，两类先验信息被用于提高字典的表达能力。一是利用人脸图像的位置特征，保持人脸图像块间的全局相似性；二是利用高维流形图约束稀疏编码，保持人脸图像块的局部几何结构相似性。

由于用于训练的人脸样本图像事先进行了对齐预处理，在相同位置上的图像块内容有更大的相似性。较之通用字典，基于位置块的学习字典包含更多的先验信息。它能更好地保持人脸图像的全局相似性信息，如眼睛、嘴巴、鼻子和对称性等。因此，字典学习的相似性正则项可以表示为

$$\varphi(S) = \sum_{i,j}\|s_i - s_j\|^2 w_{ij} \tag{3-15}$$

其中，s_i、s_j 分别表示两个相似块的编码系数；w_{ij} 是样本间的相似性测度，也就是高维流形图权重。在稀疏编码优化过程中引入相似性图约束正则项，其基本思想是：确保相似的样本经过编码后相似性得到保持。换言之，如果两个样本是相似的，那么它们经过稀疏编码后的编码系数也应该是相似的。将式（3-15）中的相似性正则项代入式（3-14），可以得到目标函数为

$$\{D,S\} = \arg\min_{D,S} \left\{ \| I - DS \|_2^2 + \lambda \| S \|_1 + \mu \sum_{i,j} \| s_i - s_j \|^2 w_{ij} \right\} \quad (3\text{-}16)$$

与文献[2]和[35]中直接采用原始图像块作为字典的做法不同，本章采用高维图约束稀疏编码算法来学习得到高低分辨率字典对[96, 97]。学习过程包括以下两个步骤。

首先，利用图约束稀疏编码算法从低分辨率样本中学习得到低分辨率字典 D_L^p 和稀疏编码系数 S_L。图约束稀疏编码算法表达式为

$$\begin{aligned}\{D_L^p, S_L\} &= \arg\min_{D_L^p, S_L} \| I_L^p - D_L^p S_L \|_2^2 + \lambda \| S_L \|_1 + \mu \sum_{i=1}^{Q}\sum_{j=1}^{Q} \| s_i - s_j \|^2 w_{ij} \\ &= \arg\min_{D_L^p, S_L} \| I_L^p - D_L^p S_L \|_2^2 + \lambda \| S_L \|_1 + \mu \text{Tr}(S_L E S_L^T)\end{aligned} \quad (3\text{-}17)$$

其次，利用上述步骤中获取的 S_L 作为高分辨率字典学习的系数初始值，利用高分辨率样本空间构建块间近邻图结构（简称高维图）作为正则项，约束稀疏编码优化过程，最终迭代得到高分辨率字典：

$$\{D_H^p, S_H\} = \arg\min_{D_H^p, S_H} \| I_H^p - D_H^p S_H \|_2^2 + \lambda \| S_H \|_1 + \mu \text{Tr}(S_H E S_H^T) \quad (3\text{-}18)$$

低分辨率空间构建的近邻图结构容易受降质过程影响，不能够真实地反映高分辨率空间重建图像块间的近邻特性。因此，在高分辨率字典学习过程中，采用高维图约束稀疏编码过程，进而提高了高分辨率字典的表达能力。

在人脸图像分割的所有块位置，重复以上过程，最终能够离线训练得到一系列高低分辨率字典对，如下所示：

$$D_H = \{D_H^p \mid 1 \leq p \leq P\}, D_L = \{D_L^p \mid 1 \leq p \leq P\} \quad (3\text{-}19)$$

在重建阶段，利用子字典 D_H^p 生成位置 p 上的高分辨率图像块。子字典对学习的过程如图 3-1 所示。通过图约束保留了原始块的相似信息，这使得学习字典更加紧凑。

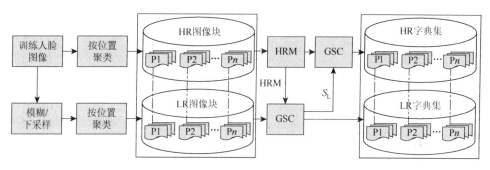

图 3-1　子字典对学习的过程

3.3.3　高分辨率人脸图像重建

在超分辨率重建阶段，把输入低分辨率人脸图像分割成小图像块，利用重建算法对每个图像块进行重建，得到高分辨率图像块。首先，基于学习得到的低分辨率字典，对输入人脸图像块进行稀疏表示；其次，将稀疏编码系数映射到高分辨率字典，重建得到高分辨率人脸图像块；最后，将所有重建的高分辨率图像块整合到一起，最终得到高分辨率人脸图像。

对于每个输入低分辨率人脸图像块 $I_{in}^p, 1 \leq p \leq P$，在低分辨率字典 D_L^p 下的稀疏表示系数为

$$S_L^p = \arg\min_{s_L^p} \{\| I_{in}^p - D_L^p s_L^p \|_2^2 + \lambda \| s_L^p \|_1\} \quad (3\text{-}20)$$

低分辨率图像块 I_L^p 可以表示为 $I_L^p = D_L^p S_L^p$。在图像超分辨率场景下，通常假设高低分辨率图像块拥有同样的稀疏编码系数。因此，低分辨率图像块的稀疏编码系数可以被映射到高分辨率图像块字典上，从而生成高分辨率图像块，即

$$I_{out}^p = D_H^p S_H^p \approx D_H^p S_L^p \quad (3\text{-}21)$$

然而，实际超分辨率应用中，高低分辨率图像块的稀疏编码系数并不完全一致，存在稀疏编码误差 $\sigma_S = S_H^p - S_L^p$。为了降低高低分辨率图像块之间的稀疏编

误差,本章采用 K 近邻稀疏编码均值约束,以削减稀疏编码误差。

K 近邻稀疏编码均值约束的过程为

$$s_L^p = \arg\min_{s_L^p} \| I_{in}^p - D_L^p s_L^p \|_2 + \lambda \| s_L^p \|_1 + \gamma \| s_L^p - s_H^p \|_{l_p} \quad (3\text{-}22)$$

其中,γ 是正则化常量;l_p 范数用于表示 α_L^p 和 α_H^p 之间的距离。s_H^p 是未知的,因此稀疏编码噪声无法直接计算。文献[23]提出了利用 s_H^p 的均值 $E[s_{H,N(i)}^p]$ 表示 s_H^p 的思路,其中 $N(i)$ 表示图像块 i 的 K 个近邻块组成的集合。假设稀疏编码噪声近似于零均值随机变量,那么 $E[s_{H,N(i)}^p]$ 就可以利用 $E[s_{L,N(i)}^p]$ 进行近似表示。式(3-22)可表示为

$$s_L^p = \arg\min_{s_L^p} \| I_{in}^p - D_L^p s_L^p \|_2 + \lambda \| s_L^p \|_1 + \gamma \| s_L^p - E[s_{L,N(i)}^p] \|_{l_p} \quad (3\text{-}23)$$

这里采用加权的 K 近邻块的稀疏编码均值来表示 $E[s_{L,N(i)}^p]$,距离越远的近邻块,权重越小,反之,权值越大。输入图像块的 K 近邻稀疏编码均值为

$$E[s_{L,N(i)}^p] = \sum_{k \in N_{(i)}} \omega_{i,k} s_{L,k}^p \quad (3\text{-}24)$$

其中,$s_{L,k}^p$ 是第 k 个近邻块的稀疏编码系数,$k=1,2,\cdots,K$;$\omega_{i,k}$ 是第 k 个近邻块的稀疏编码系数的权重。

输入低分辨率人脸图像的所有图像块重建完成后,相应的高分辨率图像块按照 2.3 节介绍的相邻块兼容处理策略进行融合,得到最终高分辨率人脸图像。

算法 3-1 给出了基于高维图约束稀疏编码的人脸超分辨率算法过程。

算法 3-1　HRM-GSC 算法

离线训练阶段。

步骤 1:输入训练集 I_H,I_L,正则化参数 λ、β。

步骤 2:构建相似矩阵 W,矩阵中的元素定义如下:

$$W = \begin{cases} w_{i,j}, & x_i \in N_k(x_j) \text{或} x_j \in N_k(x_i) \\ 0, & \text{其他} \end{cases}$$

步骤 3:计算矩阵 $L = (I-W)(I-W)^T$。

步骤 4:联合训练过完备字典对

$$\{D_H^p, D_L^p, S\} = \arg\min_{D_H^p, D_L^p, S} \| I^p - D^p S \|_2^2 + \lambda \| S \|_1 + \beta \text{Tr}(SMS^T)$$

步骤 5:重复步骤 2~4,获取基于位置的字典序列。

步骤 6:输出 HR-LR 字典对序列

$$D_H = \{D_H^p | 1 \leqslant p \leqslant P\}, D_L = \{D_L^p | 1 \leqslant p \leqslant P\}$$

在线重建阶段。

步骤1：输入 HR-LR 字典对序列 $D_H = \{D_H^p | 1 \leqslant p \leqslant P\}, D_L = \{D_L^p | 1 \leqslant p \leqslant P\}$，测试图像 I_T、λ、γ。

步骤2：For each LR patch I_T^p from I_T
（1）计算输入图像块 I_T^p 的 K 近邻稀疏编码均值。
（2）计算输入图像块 I_T^p 的稀疏编码系数。
（3）生成高分辨率图像块 $I_T^{*p} = D_H^p s_p$。

步骤3：End for

步骤4：交叠生成的高分辨率图像块，得到最终高分图像块 I_T^*。

步骤5：输出高分辨率图像 I_T^*。

3.4 高维图约束稀疏编码的有效性分析

在图像处理应用中，图的构建过程对基于图约束的算法具有重要影响[105]。为了克服传统图构建算法的局限，Cheng 等[105]提出了利用 L_1 图构建方法取代 K 近邻图和 ε 邻域图方法的思路。较之后者，L_1 图构建方法具有更强的噪声鲁棒性和数据自适应性。L_1 图关注的是整个数据集稀疏表示的整体情况，因此它适用于字典训练过程。在本章提出的算法中也采用 L_1 图构建方法[105]进行稀疏编码图约束正则项的构建。其过程是首先将原始样本数据集转换到稀疏表示系数域，其次构建以样本为顶点、以样本稀疏表示系数间的距离为权重的 L_1 图。L_1 图构建的细节详见文献[105]。

正如 3.3 节所提到的，在低分辨率流形空间构建的图结构容易受降质过程影响，以致不能准确地反映高分辨率空间重建图像的需要。因此，本章算法中采用高分辨率流形空间图结构约束传统稀疏编码过程。较之低分辨率空间图约束稀疏编码，高分辨率空间图约束稀疏编码能够保留更多局部信息和相似信息。为了验证这一点，本书绘制了原始样本间相似性与稀疏编码系数间相似性的一致性分布图，如图 3-2 所示。在该实验中，本书从 CAS-PEAL-R1 人脸图像库中随机选取 1000 个人脸图像块作为样本，利用互信息来计算样本原始图像块间的相似性、图像块经过稀疏编码以及图约束稀疏编码后系数间的相似性。

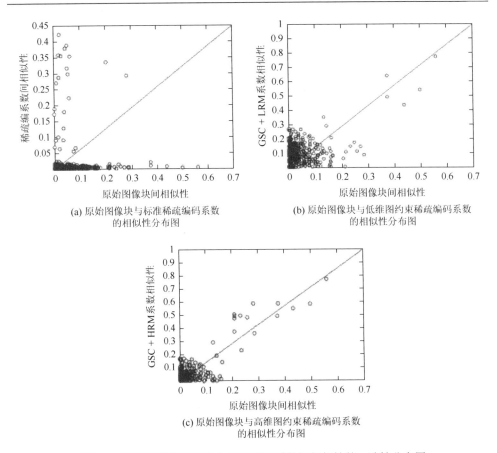

图 3-2 原始图像块相似性与对应编码系数间相似性的一致性分布图

互信息用来作为相似性度量,其计算公式[106]是

$$\text{MutualInfor}(X;Y) = \sum_{x \in X}\sum_{y \in Y} p(x,y) \log_2 \frac{p(x,y)}{p(x)p(y)} \quad (3\text{-}25)$$

其中,X,Y 是观测对象;$p(x),p(y)$ 分别是随机变量 x,y 的边界概率分布函数;$p(x,y)$ 为变量 x,y 的联合概率分布函数。如果 x,y 是完全不相干的,那么互信息 $\text{MutualInfor}(X;Y) = 0$。如果对数以 2 为基底,互信息的单位是 bit。

在图 3-2 中,横轴表示原始图像块间相似性,纵轴表示不同编码算法系数间的相似性,二者决定的是原始图像块间相似性与对应编码系数间相似性的一致性分布情况。由图 3-2 不难发现,原始图像块间的相似性与对应块的标准稀疏编码系数间相似性基本上是独立的,如图 3-2(a)所示,而图约束稀疏编码系数则与原始图像块间的相似性分布呈现出线性趋势，如图3-2（b）和（c）所示。图约束稀疏编码系数与原始图像块间的相似性具有一致性。图3-2进一步显示，高维图约束（图3-2（b））比低维图约束（图3-2（c））能保持更多的相似性。

图3-3给出了相似性为0.8234的一对图像块，如图3-3（c）和（d）所示，经过高维图约束稀疏编码后系数间的相似性为0.9132，如图3-4（a）所示，远远高于经过标准稀疏编码后系数间的相似性0.0343，如图3-4（b）所示。

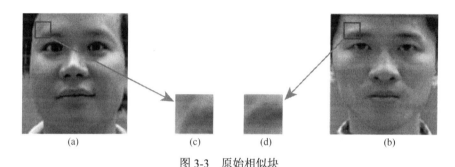

图3-3 原始相似块

（a）和（b）是对齐后的人脸图像；（c）和（d）是在相同人脸位置上相似性为0.8234的图像块

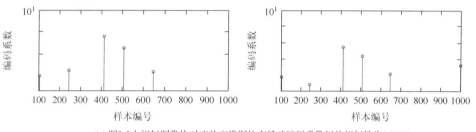

(a) 图3-3中相似图像块对应的高维图约束稀疏编码系数间的相似性为0.9132

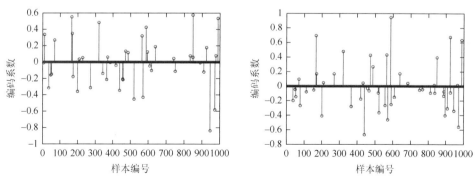

(b) 图3-3中相似图像块对应的标准稀疏编码系数间的相似性为0.0343

图3-4 相似图像块对应的不同稀疏编码系数间的相似性比较

通过以上分析，在标准稀疏编码过程中引入图约束正则项，能够有效地保持被编码图像块间的相似性信息。在低分辨率样本上构建的低维图容易受降质过程影响，可以考虑利用在高分辨率样本上构建的高维图作为正则项约束稀疏编码过程。高分辨率空间的流形结构与超分辨率重建的结果图像更具一致性，进而能改善基于图约束稀疏编码的超分辨率重建结果质量。

3.5 实验结果及分析

本节将通过实验来验证所提出的 HRM-GSC 算法的有效性，并与前沿的方法进行比较以验证其先进性。本节所有的实验均在 MATLAB 7.8（R2009a）环境下展开测试，代码运行的硬件环境是双核 3.2GHz CPU，8GB RAM，操作系统为 64 位 Windows 7。参照算法包括：基于近邻嵌入（neighbor embedding，NE）的超分辨率算法[22]、基于最小二乘（least square，LS）的算法[50]、基于 L1 凸优化（L1 convex optimization，L1）的算法[2]、基于局部线性转换（local linear transformations，LLT）的算法[83]和基于锚点近邻回归（anchored neighborhood regression，ANR）的算法[3]。BI 算法作为常用的比较基线，这里也选作参照算法。

3.5.1 人脸库简介

为了验证本章提出的算法，采用中国科学院人脸数据集 CAS-PEAL-R1[1]作为标准测试图像。CAS-PEAL-R1 中共包含 1040 个人的 30 900 幅人脸图像。实验中选用均匀光照条件下，1040 个人的正面中性表情人脸图像作为训练和测试数据集。所有人脸图像在使用前，先作归一化处理：抠取图像大小为 112 像素×100 像素，选取眼睛、鼻子、嘴巴等特征点进行对齐。对齐后的人脸图像进行平滑、下采样，得到高低分辨率人脸图像对，随机选取其中的 40 对人脸图像作为测试输入，余下的 1000 幅高低分辨率人脸图像对作为训练图像集。表

3-1 为 CAS-PEAL-R1 的 8 个数据子集，图 3-5 为部分 CAS-PEAL-R1 人脸数据库样本图像。

表 3-1　CAS-PEAL-R1 的 8 个数据子集

子集	种类数	人数	图像数
正面	1	1 040	1 040
表情	5	377	1 884
光照	≥9	233	2 450
饰物	6	438	2 646
背景	2~4	297	650
距离	1~2	296	324
年龄	1	66	66
姿势	21	1 040	21 840

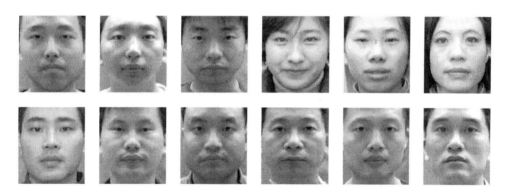

图 3-5　部分 CAS-PEAL-R1 人脸数据库样本图像

3.5.2　算法参数分析

所有比较算法的参数均通过实验方法设置为最优值。比较算法中，高分辨率图像块大小设置为 8 像素×8 像素，相邻块交叠 32 个像素（即左右相邻块交叠 8 像素×4 像素，上下相邻块交叠 4 像素×8 像素）。NE 算法[22]中最近邻个数为 5。L1 算法[2]中，稀疏性正则化参数为 0.1。LLT 算法[83]中正则化参数设置为 0.01。

ANR 算法[3]中,最近邻数量设置为 75,正则化参数设置为 0.01。在本实验中,高低分辨率字典原子数为 400。图 3-6 给出了本章算法中,不同的 λ、μ、γ 和 K 参数值分别对超分辨率重建结果图像的客观值的影响。客观值采用 PSNR 和 SSIM 来度量,二者计算公式见 2.4.3 节。通过实验发现,本章算法取得最优重建结果时,各参数的取值分别是 $\lambda = 0.1, \mu = 0.2, \gamma = 0.03, K = 5$。

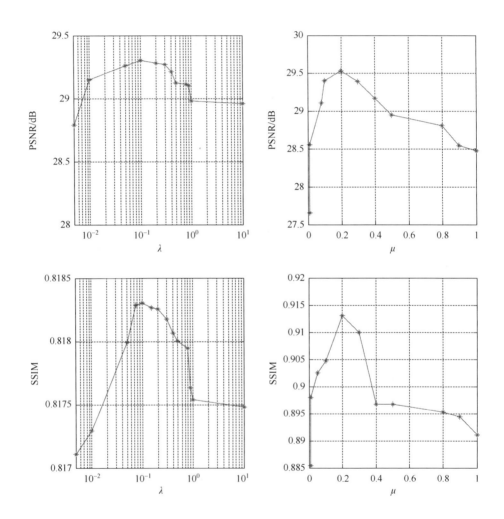

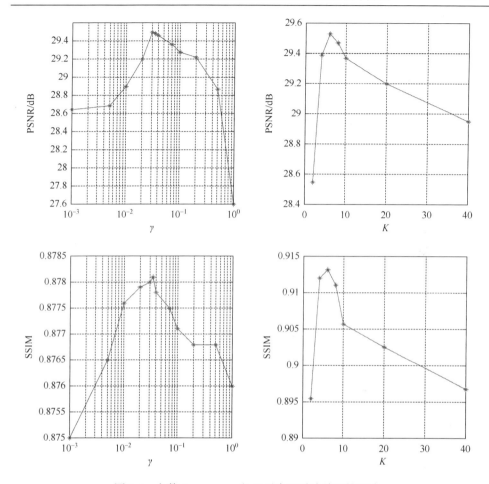

图 3-6　参数 λ、μ、γ 和 K 对客观重建结果的影响

3.5.3　不同算法的主客观结果

由于篇幅限制，本节只给出不同超分辨率算法重建的部分实验结果，如图 3-7 所示。图 3-7（a）是 BI 算法重建的结果，不难发现其结果图像比较模糊且有明显的块效应，以致重建结果图像中的人脸不清晰，难以辨认。图 3-7（b）是 NE 算法[22]重建的结果，图像边缘有明显的重影和人工效应。LS 算法[50]重建的结果中（图 3-7（c）），同样有明显的重影现象出现，另外结果有过平滑现象，丢失了细节信息。本章提出的算法（HRM-GSC）重建的结果图像和 L1 算法[2]LLT 算法[83]、

ANR 算法[3]相比,包含更多的细节信息,且重影和人工现象较少。较之比较算法,本章提出的算法明显改进了超分辨率重建结果图像的视觉效果。

为了进一步验证本章所提算法的先进性,我们计算了不同算法超分辨率重建后的结果图像与原始高分辨率测试图像之间的 PSNR 值和 SSIM 值。表 3-2 给出了 40 幅测试图像重建后高分辨率图像与原始高分辨率测试图像之间的平均 PSNR 值和平均 SSIM 值。

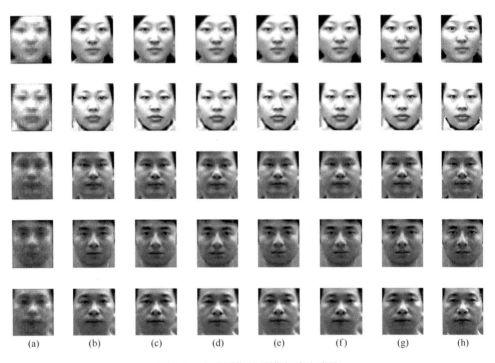

(a) (b) (c) (d) (e) (f) (g) (h)

图 3-7 人脸图像超分辨率重建结果

结果(a)～(g)采用的超分辨率重建方法分别是:BI 算法,NE 算法[22]、LS 算法[50]、L1 算法[2]、LLT 算法[83],ANR 算法[3]和本章提出算法(HRM-GSC);(h)是高分辨率人脸图像

表 3-2 不同超分辨率算法重建结果的平均 PSNR 值和平均 SSIM 值

比较算法	PSNR/dB	SSIM
BI 算法	23.32	0.6216
NE 算法[22]	27.89	0.8087
LS 算法[50]	28.57	0.8125
L1 算法[2]	28.72	0.8279

续表

比较算法	PSNR/dB	SSIM
LLT 算法[83]	27.45	0.8750
ANR 算法[3]	28.73	0.8766
HRM-GSC	29.53	0.9028
改进值	0.8	0.0262

表 3-2 中数据显示，本章提出的 HRM-GSC 算法取得了最高的 PSNR 值和 SSIM 值，分别是：29.53dB 和 0.9028。PSNR 值较之参照算法中的最高值，提升了 0.8dB。SSIM 值较之参照算法中的最高值，提升了 0.0262。实验结果表明，本章提出的算法（HRM-GSC）取得了最高的客观值，这意味着 HRM-GSC 算法重建的结果图像最接近原始高清晰图像。主客观实验结果证明，本章提出的人脸超分辨率算法能够取得较好的超分辨率重建效果，保留更多的细节信息。较之参照算法，本章提出的人脸超分辨率算法也具有较强的先进性。

3.5.4 实际场景人脸图像重建结果

为了验证提出算法的有效性和先进性，本节利用真实场景中的人脸图像进行了实验。真实场景的人脸图像包括两部分：一是利用高清镜头拍摄的五幅人脸图像，如图 3-8 所示；二是采用 CMU + MIT 数据库中的人脸图像[111]，如图 3-9 所示。

图 3-8　高清镜头获取的真实场景图像

在对高清镜头拍摄的人脸图像进行实验的过程中，先从整幅图像中抠取高分辨率人脸图像，并进行对齐预处理。测试低分辨率人脸图像由高分辨率人脸图像采用降质方法得到，其降质过程与样本库中低分辨率人脸图像获取方法一样。首先利用 8×8 的平均滤波器进行平滑，然后进行 4 倍下采样，再添加标准差为 6 的高斯噪声，最后得到低分辨率测试图像。表 3-3 给出了 5 幅低分辨率测试图像利用不同超分辨重建算法重建结果的 PSNR 和 SSIM 值。从这些结果中，可以看出本章提出的 HRM-GSC 算法取得了比领域前沿的超分辨率参照算法更好的 PSNR 值和 SSIM 值。

表 3-3 图 3-8 人脸图像超分辨率重建结果的 PSNR 值和 SSIM 值

样本序号	PSNR/dB							SSIM						
	BI	NE	LS	L1	LLT	ANR	HRM-GSC	BI	NE	LS	L1	LLT	ANR	HRM-GSC
1	24.32	27.42	28.39	28.57	27.28	28.49	29.16	0.6730	0.6984	0.8157	0.8269	0.7947	0.8271	0.8795
2	24.46	27.84	28.49	28.69	27.64	28.85	29.20	0.6984	0.7244	0.8103	0.8297	0.8078	0.8298	0.8901
3	25.10	28.01	28.45	29.03	26.36	28.73	29.14	0.6702	0.7449	0.8137	0.8533	0.7900	0.8479	0.8913
4	24.29	27.35	28.23	28.54	26.59	28.78	29.07	0.6621	0.7375	0.8125	0.8319	0.7782	0.8477	0.8827
5	23.58	26.81	28.35	28.33	27.00	28.51	28.84	0.5700	0.5941	0.8163	0.8356	0.7376	0.8392	0.8654
平均值	24.35	27.49	28.38	28.63	26.74	28.67	29.08	0.6547	0.6999	0.8137	0.8355	0.7817	0.8383	0.8818

在基于 CMU + MIT 数据库的实验中，被抠取测试对象的人脸区域图像大小为 28 像素×25 像素，通过选取眼睛、鼻子和嘴巴等特征点进行对齐。图 3-9 中

图 3-9 CMU + MIT 图像集中选出的图像

矩形框标记的人脸图像将用于测试

用矩形框给出了被抠取的人脸图像区域,预处理后的用于测试的低分辨率人脸图像如图 3-10（a）所示。图 3-10（b）～（h）给出的分别是 BI 算法、NE 算法[22]、LS 算法[50]、L1 算法[2]、LLT 算法[83]、ANR 算法[3]和本章提出算法（HRM-GSC）超分辨率重建的结果图像。从图中不难看出,本章提出算法取得了最佳的视觉效果。

图 3-10　CMU＋MIT 图像集中人脸图像超分辨率重建结果

（a）是低分辨率测试图像；（b）～（h）给出的分别是 BI 算法、NE 算法[22]、LS 算法[50]、L1 算法[2]、LLT 算法[83]、ANR 算法[3]和本章提出算法（HRM-GSC）超分辨率重建的结果图像

3.5.5　讨论

通过 CAS-PEAL-R1 和真实场景人脸图像的实验表明,当低分辨率输入人脸图像包含低光照、遮挡和姿势变化等情况时,超分辨率重建的结果图像会比基于

CAS-PEAL-R1 人脸图像库重建的结果差。主要原因在于 CAS-PEAL-R1 人脸图像库并不能有效地表示真实世界的数据。为了解决实际应用过程中的姿势变化问题，我们可以考虑预先构建一个多姿态人脸模型。该模型由多个不同姿态的低分辨率人脸和对应的正面高清人脸图像组成。对于给定的输入人脸，先根据其姿态的倾斜角度选定一个最接近的训练样本库，然后再基于选定的样本库进行超分辨率重建。除了建立多姿态人脸模型学习先验信息，监控视频序列中的冗余信息也可以用于提高超分辨率重建结果。后续工作中可以考虑结合基于学习和基于重建的两类超分辨率算法的优势，进一步改善超分辨率结果的质量。这样的算法，同样可以用于解决遮挡问题。对于光照问题，可以采用预处理技术，或者提取光照鲁棒的特征来减轻其消极影响。

在本章提出的超分辨率重建算法中，重建一幅图像耗时 60~70s。这使得该算法难以满足实时或接近实时的实际应用要求。不过，该算法中每个高分辨率目标块都是单独重建的，因此我们可以采用并行计算等技术来加速超分辨率重建过程以满足实时应用的需要。

3.6 本章小结

在基于稀疏表示的人脸超分辨率算法中，字典的表达能力起着至关重要的作用。本章提出了一种基于高维图约束稀疏编码的人脸超分辨率算法。它在子字典对训练过程中，将图像块在高分辨流形空间的内部几何结构信息引入稀疏编码过程中，使得稀疏编码系数空间能够有效地保持原始图像块的相似性和局部性信息，从而在不扩张字典规模的前提下显著提升了学习字典的表达能力，改善了算法的重建能力。在高分辨率人脸图像重建阶段，采用 K 近邻稀疏编码均值约束正则项来优化超分辨率重建系数，使得最终重建的高分辨率图像分布在原始高分辨率图像所处的流形附近。在 CAS-PEAL-R1 人脸库和实际场景人脸图像上的超分辨率实验验证了本章提出算法的有效性。

本章提出的算法是一种基于局部脸的超分辨率算法，它能够和现有的基于全局脸的超分辨率算法有效结合,构成新的人脸超分辨率的两步法。同时,本章提出的字典学习算法也可以用于将图像从一种样式转换为另一种样式的应用,如低分辨率向高分辨率转换、人脸素描向相片转换等。后续研究中,将考虑将该算法用于基于两步法的人脸超分辨率算法中或者用于基于人脸素描的合成。

第4章 基于多形态稀疏表示的人脸超分辨率算法

4.1 概 述

人脸图像超分辨率重建是一项极有挑战性的工作。首先，从低分辨率人脸图像中重建得到高分辨率人脸图像的过程是典型的"一对多"的不确定性问题；其次，人脸是大家非常熟悉的内容，正因为熟悉，重建人脸图像的细微误差都会带来明显的视觉偏差。人类对人脸独特的感知方式要求人脸超分辨率算法必须能够精确地表达人脸特征及其细节。利用机器学习方法从训练样本中获取人脸细节信息被认为是提高超分辨率重建效果的有效途径[21, 35, 50, 112]。

Xiong 等[112]通过增强基元特征来提高高低分辨率样本之间映射关系的一致性，进而减小因为高低分辨率图像维数差异而导致的超分辨率重建误差。Sun 等[113]基于自然图像梯度先验信息构建了梯度轮廓信息，在梯度轮廓特征域进行图像的超分辨率重建。上述方法在图像特征方面的改进主要是针对自然图像进行的，这难以满足人脸图像超分辨率重建的要求。Liu 等[25]提出利用 MRF 从样本图像中学习得到高频信息，然后添加到整体重建的人脸图像中以改善最终重建高分辨率人脸图像的细节。Ma 等[50]提出基于位置块的人脸超分辨率重建算法，通过位置块来保持人脸的整体性信息。Jung 等[2]在保持人脸位置信息的同时，通过引入数据的稀疏先验进一步改进人脸超分辨率重建效果。Yang 等[35]首先利用非负矩阵分解方法对人脸进行整体重建，然后基于稀疏先验进行细节补充。Gao 等[114]利用稀疏近邻筛选照片、素描等多稀疏表示，实现照片和素描之间相互检索。Liang 等[115-117]提出了基于人脸图像分解的人脸超分辨率算法，并对人脸表情变化情况下的超分辨率进行了探讨。该算法假设从放大的低分辨率人脸图像中可以分离出高分辨率图像和包含负数的高频成分（这里的高频成分不同于之前提到的人脸细节信息，这里也称作非锐化掩膜（unsharp mask，UM），然后基于分离出的高分辨率图像利用 NE 算法进行残差（residue）图像重建和补偿，最终得到清晰的高分辨率人脸图像。该算法的不足之处在于高分辨率图像分离的假设不一定成立。Jian 等[41,42]提出在奇异值分解（singular value decomposition，SVD）框架下同步实现人脸的超分辨率重建和识别。Liu 等[118]针对压缩人脸超分辨率进行了探讨。以上算法从压缩、分解、检索等不同的角度提出了不同的人脸超分辨率算法，为本书提供了思路。

尽管现有基于稀疏表示的算法取得了较好的重建效果。但是，现有算法通常都是从单一形态进行稀疏表示的，如原始像素、梯度特征等，对纹理和轮廓等信息采用相同的正则项进行对等约束重建，导致重建结果图像出现过平滑或锯齿效应。这使得现有算法不能满足对人脸图像辨识要求有丰富细节信息的需要。

Starck 等[119]就图像分解提出了多形态成分分析（morphological component analysis，MCA）算法，将图像分解成卡通子成分和纹理子成分。孙玉宝等[120]基于 Gabor 特征等多形态成分提出了多帧图像超分辨率算法。Liu 等[118]在 MCA 的基础上提出了基于稀疏表示的通用图像超分辨率算法。该算法中首先利用 MCA 算法将低分辨率输入图像和训练样本中的高低分辨率图像分别分解成多形态成分的线性组合，其次，基于分解得到的图像不同成分，分别学习得到一对高低分辨率字典，最后通过融合超分辨率重建得到不同的高分辨率图像成分，进而得到最终的高分辨率图像。Liu 等[121]针对已有算法基于图像单一特征进行超分辨率重建中存在的不能充分表示图像细节的问题，开展多形态成分超分辨率重建。但是该算法没有考虑人脸图像的位置、对称性等先验信息，主要针对自然图像超分辨率重建，因此不能直接应用于对重建误差非常敏感的人脸图像超分辨率重建。另外，该算法在不同形态成分重建过程中主要考虑了稀疏性，没有考虑近邻性，这影响了超分辨率重建的效果。

针对已有算法存在的以上不足，受多形态成分分析等研究工作的启发，本章提出一种新的基于多形态成分差异化稀疏表示的人脸超分辨率算法。该算法具有以下特点。

（1）本章提供一种基于图像分解的监控视频人脸超分辨率新视野。首先对高低分辨率训练样本进行分解，得到人脸图像的卡通成分和纹理成分，进而学习得到卡通成分字典和纹理成分字典，其次对输入人脸图像分别进行卡通成分和纹理成分的超分辨率重建，最后通过将重建的高分辨率多成分进行融合，得到最终的高分辨率人脸图像。较之基于稀疏表示的超分辨率算法存在的过平滑或锯齿效应问题，该算法很好地保持了人脸的纹理和轮廓等细节信息。

（2）本章提出一种对超分辨率人脸图像进行差异化稀疏表示的方案。针对现有算法对不同图像成分信息采用相同的正则项进行对等约束重建，导致重建结果出现过平滑或锯齿效应的问题，本章提出基于多形态稀疏表示的超分辨率算法。针对输入人脸图像的卡通成分采用总变分正则项约束其平滑性，在卡通成分耦合字典的支持下重建高分辨率卡通成分；针对纹理成分采用非局部相似性正则项约束其规则性，在纹理成分耦合字典的支持下重建高分辨率纹理成分。最后将各自重建结果进行融合，得到最终的高分辨率人脸图像。本章算法提出的差异化约束规则适应图像的多成分构成特点，从而能有效地保持轮廓保真度和细节逼真度，改善人脸图像重建质量。

4.2 人脸的多形态稀疏表示模型

4.2.1 多形态稀疏表示模型

由 2.2.1 节图像稀疏表示模型可知，图像 I 可以表示为字典 D 上的一组原子的线性组合，如式（4-1）所示，$\alpha \in \mathbb{R}^N$ 为表示系数，其大部分分量为零，少数分量为非零值，即实现图像 I 在字典 D 上的稀疏表示。

$$I = D\alpha \qquad (4\text{-}1)$$

图像作为一种复杂的信号，包含多种成分信息。采用单一的字典对其进行稀疏表示难以体现多成分细节特征。Meyer[122]根据图像对人类视觉刺激效果的不同，

将图像分为卡通成分和纹理成分,其中卡通成分由轮廓和平滑区域两部分组成。图像多成分表示模型如式(4-2)所示:

$$I = \sum_i I_i, \quad i = 1, 2, \cdots, K \tag{4-2}$$

其中,I_i 表示图像的不同成分,$i = 1, 2, \cdots, K$,K 为不同子字典数量。在 Myer[122] 图像模型中,$i = c$ 或者 t 分别表示卡通成分 I_c 和纹理成分 I_t。

实现图像多成分形态稀疏表示的关键在于构建多形态成分字典。不同成分字典能对相应成分进行稀疏表示,但对其他成分则不能构成稀疏表示。孙玉宝等[120]提出基于二维 Gabor 多成分字典对图像多种结构进行稀疏表示。Starck 等[119]、Yin 等[123]基于稀疏表示和变分方法实现图像卡通成分与纹理成分分解。Chen 等[124]利用双字典对图像不同成分进行多形态表示。多成分字典可以表示为

$$D = \bigcup_i D_i, \quad i \in (c, t) \tag{4-3}$$

由式(4-1)~式(4-3)可知,图像的多形态稀疏表示为

$$\min \sum_i \|\alpha_i\|_1, \quad \text{s.t.} \, I = \sum_i D_i \alpha_i \quad i \in (c, t) \tag{4-4}$$

式(4-4)选择凸的 L_1 范数作为稀疏性度量函数。研究证明,当字典 D 中原子具有不相干性且表示系数 α 足够稀疏时,式(4-4)中选用 L_1 范数的解唯一且与选用 L_0 范数的解等价[16]。

4.2.2 MCA 图像分解

Ng 等[125]在稀疏理论的基础上提出了 MCA 理论。该理论认为信号是由几个具有不同几何形态的成分线性组合而成的,这些形态成分在形态学理论中是截然不同的,并且每一个形态成分都能找到一个字典进行稀疏表示,而该字典不能稀疏地表示其他成分。

假设图像 Y 是由 K 个形态成分 $S_i (i = 1, 2, \cdots, K)$ 线性混合而成的,则有

$$Y = \sum_{i=1}^{K} S_i + \varepsilon \tag{4-5}$$

其中，ε 表示噪声。MCA 的任务是从观测图像 Y 中分离出各个形态成分 S_i, $i=1,2,\cdots,K$。假设每个形态成分 S_i 都能被对应的字典 Φ_i 稀疏表示，即

$$S_i = \Phi_i \alpha_i, \quad i=1,2,\cdots,K \tag{4-6}$$

其中，α_i 为稀疏表示系数。字典 Φ_i 能够高保真地表示成分 S_i，但是字典 Φ_i 却不能表示其他形态的成分 S_j, $j=1,2,\cdots,K, j \neq i$。MCA 可以表示为以下优化问题[72]：

$$\min_{\alpha_i,\cdots,\alpha_K} \sum_{i=1}^{K} \|\alpha_i\|_0 \text{ s.t. } \left\| Y - \sum_{i=1}^{K} \Phi_i \alpha_i \right\|_2 \leqslant \tau \tag{4-7}$$

其中，$\|\alpha_i\|_0$ 表示系数中非零项的个数；τ 表示重建误差常量。式（4-7）是非凸问题，难以得到唯一数学解。目前这类问题主要采用匹配追踪[126]、正交匹配追踪[127]、基追踪[128]等算法来求解。

MCA 对图像的不同成分选择不同形态的字典进行表示，即 $S_i = \Phi_i \alpha_i, i=1,2,\cdots,K$。根据 Meyer 图像分解模型，将图像分解为纹理成分 $S_t = \Phi_t \alpha_t$ 和卡通成分 $S_c = \Phi_c \alpha_c$。对于纹理成分，选择周期性较好的 DCT 域字典；对于卡通成分，选择能有效地表示分段平滑结构的小波域字典。基于选择好的纹理成分字典 Φ_t 和卡通成分字典 Φ_c，图像的多成分稀疏表示模型形式化为

$$\{\alpha_c, \alpha_t\} = \arg\min_{\alpha_c, \alpha_t} \{\|\alpha_c\|_0 + \|\alpha_t\|_0 + \lambda \| Y - \Phi_c \alpha_c - \Phi_t \alpha_t \|_2^2\} \tag{4-8}$$

其中，由 $S_i = \Phi_i \alpha_i, i=1,2,\cdots,K$ 可知 $\alpha_i = \Phi_i^+ S_i$，其中 Φ_i^+ 为 Φ_i 的 Moore-Panrose 广义逆矩阵。为了优化求解图像分解得到的纹理成分 s_t 和卡通成分 s_c，式（4-8）可以转换为

$$\{s_c, s_t\} = \arg\min_{s_c, s_t} \{\|\Phi_c^+ s_c\|_1 + \|\Phi_t^+ s_t\|_1 + \lambda \| Y - s_c - s_t \|_2^2\} \tag{4-9}$$

通过迭代求解式（4-9）可以将图像分解为纹理和卡通两种形态。纹理成分用于描述小尺度的细节信息，卡通成分用于描述大尺度的几何结构信息。

4.3 基于多形态稀疏表示的人脸超分辨率算法框架

4.3.1 符号定义及问题提出

假设低分辨率人脸图像为 I_L，其对应的高分辨率人脸图像为 I_H，图像降质过程可以表示为

$$I_L = DBI_H + n \tag{4-10}$$

其中，D 表示下采样操作；B 表示模糊操作，用来模拟镜头的点扩散函数；n 为噪声；I_L 为图像在低分辨率字典 Φ_L 上的稀疏表示系数；α_L 可以表示为

$$\alpha_L = \arg\min_{\alpha_L}\{\|\alpha_L\|_1 + \lambda\|I_L - \Phi_L\alpha_L\|_2^2\} \tag{4-11}$$

其中，$\|\alpha_L\|_1$ 为稀疏性约束项；$\|I_L - \Phi_L\alpha_L\|_2^2$ 为重建误差约束项；λ 为正则化参数，用于平衡稀疏性和保真度之间的比例。根据 MCA 理论，图像 I_L 可以由纹理成分 I_{Lt} 和卡通成分 I_{Lc} 融合得到，即 $I_L = I_{Lt} + I_{Lc}$。不同形态的成分可以由相应的字典 Φ_{Lt}、Φ_{Lc} 分别进行稀疏表示。低分辨率图像 I_L 在多形态稀疏表示模型下的系数 α_{Lc}、α_{Lt} 可以通过式（4-12）求解：

$$\{\alpha_{Lc},\alpha_{Lt}\} = \arg\min_{\alpha_{Lc},\alpha_{Lt}}\{\|\alpha_{Lc}\|_1 + \|\alpha_{Lt}\|_1 + \lambda\|I_L - \Phi_{Lc}\alpha_{Lc} - \Phi_{Lt}\alpha_{Lt}\|_2^2\} \tag{4-12}$$

低分辨率图像 I_L 可以基于不同形态成分字典及其稀疏表示进行重建：

$$I_L = \Phi_{Lc}\alpha_{Lc} + \Phi_{Lt}\alpha_{Lt} \tag{4-13}$$

基于稀疏表示的图像超分辨率过程中，假设相同个体的人脸图像在高低分辨率空间具有一致的稀疏表示结构。该假设在多形态成分稀疏表示模型中表现为 $\alpha_{Hc} = \alpha_{Lc}, \alpha_{Ht} = \alpha_{Lt}$，则高分辨率成分分别表示为

$$I_{Hc} = \Phi_{Hc}\alpha_{Hc} = \Phi_{Hc}\alpha_{Lc}, I_{Ht} = \Phi_{Ht}\alpha_{Ht} = \Phi_{Ht}\alpha_{Lt} \tag{4-14}$$

因此，I_L 对应的高分辨率人脸图像 I_H 可以通过式（4-15）得到

$$I_H = I_{Hc} + I_{Ht} = \Phi_{Hc}\alpha_{Lc} + \Phi_{Ht}\alpha_{Lt} \tag{4-15}$$

通过以上分析不难发现，低分辨率人脸图像 I_L 的超分辨率重建问题，转换为多成分子字典对 Φ_{Lc}、Φ_{Lt}、Φ_{Hc}、Φ_{Ht} 的学习问题与超分辨率重建系数 α_{Ht} 和 α_{Hc} 或

者 α_{Lt} 和 α_{Lc} 优化求解问题。4.3.2 节将就多成分字典学习和高分辨率人脸图像重建的细节进行具体描述。

4.3.2　多成分字典学习

假设高低分辨率人脸图像训练样本集分别是

$$I_H^S = \{I_{H,q}\}_{q=1}^Q, I_L^S = \{I_{L,q}\}_{q=1}^Q$$

其中，Q 表示训练样本集中样本的个数。每幅高分辨率人脸图像被分割为 P 个相互交叠的小图像块集合，表示为 $\{I_{H,q}^p | 1 \leqslant p \leqslant P, 1 \leqslant q \leqslant Q\}$。同样，每张低分辨率人脸图像被分割为 P 个相互交叠的小图像块集合，表示为 $\{I_{L,q}^p | 1 \leqslant p \leqslant P, 1 \leqslant q \leqslant Q\}$，$P = V \times H$，$V$、$H$ 分别是人脸图像在水平和垂直方向上被分割成的图像块个数，P 表示人脸图像被分割的图像块个数。低分辨率人脸图像训练样本集 I_L^S 由对应的高分辨率人脸训练样本集 I_H^S 降质得到。

为了能够为不同的图像成分训练不同的子字典，这里利用 4.2 节介绍的 MCA 方法将高低分辨率人脸图像训练样本集分解为不同形态子成分，得到高分辨率纹理和卡通成分训练样本集：

$$I_{Ht}^S = \{I_{Ht,q}^p | 1 \leqslant p \leqslant P, 1 \leqslant q \leqslant Q\}, I_{Hc}^S = \{I_{Hc,q}^p | 1 \leqslant p \leqslant P, 1 \leqslant q \leqslant Q\}$$

低分辨率纹理和卡通成分训练样本集：

$$I_{Lt}^S = \{I_{Lt,q}^p | 1 \leqslant p \leqslant P, 1 \leqslant q \leqslant Q\}, I_{Lc}^S = \{I_{Lc,q}^p | 1 \leqslant p \leqslant P, 1 \leqslant q \leqslant Q\}$$

纹理高低分辨率字典对 $\{\Phi_{Ht}, \Phi_{Lt}\}$ 可以通过式（4-16）得到

$$\{\Phi_{Ht}, \Phi_{Lt}, \alpha_t\} = \arg\min_{\{\Phi_{Ht}, \Phi_{Lt}, \alpha_t\}} \{\|I_{Ht}^p - \Phi_{Ht}\alpha_t\|_2^2 + \|I_{Lt}^p - \Phi_{Lt}\alpha_t\|_2^2 + \lambda\|\alpha_t\|_1\} \quad (4-16)$$

卡通高低分辨率字典对 $\{\Phi_{Hc}, \Phi_{Lc}\}$ 可以通过式（4-17）得到

$$\{\Phi_{Hc}, \Phi_{Lc}, \alpha_c\} = \arg\min_{\{\Phi_{Hc}, \Phi_{Lc}, \alpha_c\}} \{\|I_{Hc}^p - \Phi_{Hc}\alpha_c\|_2^2 + \|I_{Lc}^p - \Phi_{Lc}\alpha_c\|_2^2 + \lambda\|\alpha_c\|_1\} \quad (4-17)$$

式（4-16）、式（4-17）可以通过 K-SVD[75]方法进行迭代求解。求解过程包括稀疏编码和字典更新两个阶段。前者通过固定字典 Φ，利用正交匹配追踪算法更

新稀疏表示系数 α；后者通过固定稀疏表示系数 α，利用奇异值分解算法依次更新字典 Φ。循环迭代执行上述两个步骤，直至满足结束条件，进而得到多形态成分字典对 $\{\Phi_{Ht},\Phi_{Lt}\}$ 和 $\{\Phi_{Hc},\Phi_{Lc}\}$。

4.3.3 高分辨率人脸的重建

前面介绍了人脸图像多形态成分字典的学习过程，本节重点介绍如何基于多成分子字典实现超分辨率重建过程。鉴于图像不同成分具有不同特性，在超分辨率重建过程中将采取不同的先验信息作为标准稀疏编码的约束项。纹理主要用于反映图像中同质现象，纹理区域内大致为均匀的统一体。本章算法中采用非局部相似性（non-local similarity，NLS）[4]约束项来优化纹理成分的稀疏表示系数。卡通成分是反映图像的大尺度的平滑边缘和轮廓的先验信息，本章算法中采用总变分（total variation，TV）[125]正则项来优化卡通成分的稀疏表示系数。通过选择不同的正则项，充分发挥不同形态成分的优势，超分辨率重建的人脸图像能够保持清晰的边缘和更多的细节。

假设低分辨率观测图像为 I_T，超分辨率重建算法的任务是基于 I_T 和已有的字典重建出高分辨率图像 I_T^{H*}。在进行超分辨率重建之前，先利用 MCA 算法对输入图像 I_T 进行分解，得到纹理成分 I_{Tt} 和卡通成分 I_{Tc}，即 $I_T = I_{Tt} + I_{Tc}$。于是对输入图像 I_T 的超分辨率重建问题转化为对高分辨率纹理 I_{Tc}^{H*} 和卡通成分 I_{Tt}^{H*} 分别进行重建的问题。

为了保持人脸图像的边缘，采用如式（4-18）的变分正则项约束卡通成分重建：

$$\begin{aligned} \| I_{Tc}^{H*} \|_{TV(\Omega)} &= \int_{\Omega(u)} | I_{Tc}^{H*} | \mathrm{d}x\mathrm{d}y \\ &= \int_{\Omega(u)} | I_{Tc}^{H*} | \sqrt{(\nabla_x I_{Tc}^{H*})^2 + (\nabla_y I_{Tc}^{H*})^2} \mathrm{d}x\mathrm{d}y \end{aligned} \quad (4\text{-}18)$$

其中，∇_x、∇_y 表示水平和垂直方向的偏导数。在 TV 正则项约束下，高分辨率卡通成分可以用式（4-19）优化重建：

$$\{I_{Tc}^{H*}\} = \arg\min_{\{I_{Tc}^{H*}\}}\{\|I_{Tc}^{H*} - I_{Tc}^{H0}\|_2^2 + \beta \|I_{Tc}^{H*}\|_{\text{TV}(\Omega)}\} \quad (4\text{-}19)$$

其中，I_{Tc}^{H0} 为初始高分辨率卡通成分。

为了更好地保留重建人脸图像的细节，采用 NLS 正则项约束对纹理成分进行优化重建。NLS[4]认为：像素域相似的两个图像块 I^p、I^j 在编码系数域 α^p、α^j 上也具有相似性，即如果图像块 I^p、I^j 互为近邻，那么它们的编码系数 α^p、α^j 也互为近邻。NLS 正则项表示为

$$R_{(\text{NLS})} = \sum_{j \in N(p)} \omega_{pj} \alpha_p \quad (4\text{-}20)$$

其中，$N(p)$ 表示块 p 的 K 近邻集合；ω_{pj} 为编码系数 α^p 的权重，其值的大小与图像块 I^p、I^j 之间的欧氏距离成反比，表示为

$$\omega_{pj} = \frac{1}{c} \cdot e^{\frac{\|\alpha^p - \alpha^j\|^2}{h}} \quad (4\text{-}21)$$

其中，c 为归一化操作；h 为强制相似性常数。利用 NLS 正则项作为约束，高分辨率纹理成分的稀疏表示系数可以通过式（4-22）优化求解：

$$\{\alpha_{Lt}^{p*}\} = \arg\min_{\{\alpha_{Lt}^{p*}\}}\{\|I_{Tt}^{p*} - \Phi_{Lt}^p \alpha_{Tt}^{p*}\|_2^2 + \lambda \|\alpha_{Tt}^{p*}\|_1 + \gamma \|\alpha_{Tt}^{p*} - \sum_{n \in k(p)} \omega_{pn} \alpha_{Tt}^{p*}\|_2^2\} \quad (4\text{-}22)$$

其中，$\|I_{Tt}^{p*} - \Phi_{Lt}^p \alpha_{Tt}^{p*}\|_2^2$ 为高分辨率纹理重建的保真约束项；$\lambda \|\alpha_{Tt}^{p*}\|_1$ 为稀疏先验约束项；$\|\alpha_{Tt}^{p*} - \sum_{n \in k(p)} \omega_{pn} \alpha_{Tt}^{p*}\|_2^2$ 为非局部相似性约束项；λ、γ 为正则化参数，用于平衡各项的比例。通过求解式（4-22）得到高分辨率纹理重建系数，则高分辨率纹理块重建为

$$I_{Ht}^{p*} = \Phi_{Hc} \alpha_{Lt}^{p*} \quad (4\text{-}23)$$

将重建的纹理块采用 2.3.4 节介绍的交叠平均方法进行融合，即可得到高分辨率纹理成分 I_{Tc}^{H*}。高分辨率人脸图像由高分辨率卡通和纹理成分相加得到，即 $I_T^{H0*} = I_{Tc}^{H*} + I_{Tt}^{H*}$。

为使最终估计 I_T^{H*} 满足全局重建约束 $I_L = DBI_H$，参考文献[35]的方法，根据式（4-24）的目标函数对重建结果进行 IBP 重建。

$$I_T^{H*} = \arg\min_{I_T^H} \|I_T^H - I_T^{H0*}\|_2^2, \quad \text{s.t } I_L = DBI_H \quad (4\text{-}24)$$

基于多形态稀疏表示的人脸超分辨率算法，具体流程见算法 4-1。

算法 4-1　基于多形态稀疏表示的人脸超分辨率算法（MSR 算法）

步骤 1：输入高低分辨率字典 $\{\Phi_{Ht}, \Phi_{Lt}\}$ 和 $\{\Phi_{Hc}, \Phi_{Lc}\}$，测试图像 I_T, λ, γ。

步骤 2：利用 MCA 算法对输入图像 I_T 进行分解，得到纹理成分 I_{Tt} 和卡通成分 I_{Tc}。

步骤 3：对低分辨率形态成分 I_{Tt}（I_{Tc}）上的每个块 I_{Tt}^p（I_{Tc}^p），分别进行重建。

（1）按照式（4-19）计算块 I_{Tc}^p 的卡通成分。

（2）按照式（4-22）和式（4-23）计算块 I_{Tt}^p 的纹理成分。

步骤 4：利用交叠平均方法生成高分辨率图像成分 I_{Tc}^{H*} 和 I_{Tt}^{H*}。

步骤 5：多成分融合得到高分辨率图像块 $I_T^{H0*} = I_{Tc}^{H*} + I_{Tt}^{H*}$。

步骤 6：按照式（4-24）对 I_T^{H0*} 迭代反向投影重建，获取最优重建结果 I_T^{H*}。

步骤 7：输出高分辨率图像 I_T^{H*}。

4.4　实验结果及分析

本节将通过实验来验证所提出的 MSR 算法的有效性，并与前沿的算法进行比较以验证其先进性。本节所有的实验均在 MATLAB 7.8（R2009a）环境下展开测试，代码运行的硬件环境是双核 3.2GHz CPU，8GB RAM，操作系统为 64 位 Windows 7。参照算法为 BI 算法、SR 算法[35]、TV 正则约束算法[125]、NLS 算法[4]。

4.4.1　人脸数据库集

为了验证本章提出的算法，采用中国科学院人脸数据集 CAS-PEAL-R1[1]作为标准测试图像。CAS-PEAL-R1 中共包含 1040 个人的 30 900 幅人脸图像。实验中选用均匀光照条件下，1040 个人的正面中性表情人脸图像作为训练和测试数据集。所有人脸图像在使用前，先作归一化处理：抠取图像大小为 112 像素×100 像素，选取眼睛、鼻子、嘴巴等特征点进行对齐。对齐后的人脸图像进行平滑、下采样，得到高低分辨率人脸图像对，随机选取 1000 幅人脸图像作为训练样本图像，余下的人脸图像作为测试输入。训练样本图像对利用 MCA 算法进行分解得到卡通成分和纹理成分，如图 4-1 所示。

(a) 原始图像

(b) 卡通成分

(c) 纹理成分

图 4-1　MCA 分解结果

4.4.2　参数设置

本算法共涉及四个参数，分别是：卡通成分重建用到的总变分约束正则化参数 β、纹理重建用到的稀疏正则化参数 λ、非局部约束正则化参数 γ、非局部近邻个数 K 以及图像块大小和交叠像素个数。参照文献[12]和[22]的做法，图像块大小设置为 7 像素×7 像素，分割块间交叠像素个数为 5。非局部近邻个数 K 为 5。图 4-2 给出了本章算法中，不同的 β、λ、γ 和 K 参数值分别对超分辨率重建结果图像客观值的影响。客观值采用 PSNR 和 SSIM 来度量，二者计算公式见 2.4.3 节。通过实验发现，当本章算法取得最优重建结果时，各参数的取值分别是 $\beta=0.5, \lambda=0.1, \gamma=0.05, K=5$。

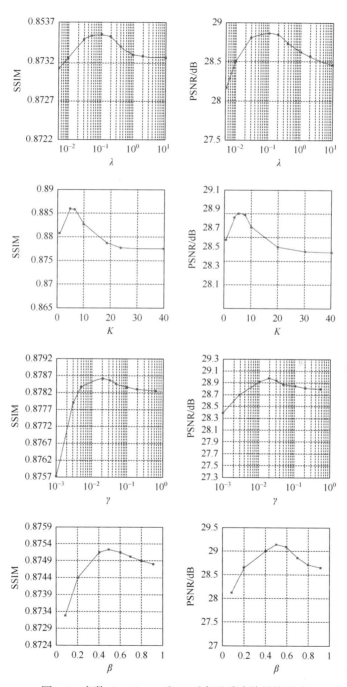

图 4-2 参数 β、λ、γ 和 K 对客观重建结果的影响

参照算法分别是 BI 算法、SR 算法[35]、TV 算法[125]和 NLS 算法[4]。为了公平比较，所有算法的块大小都设置为 7 像素×7 像素，分割块间交叠像素个数为 5。参照算法中的参数均通过实验设置为最优：SR 算法[35]中的正则化参数设置为 0.1，TV 算法[125]中的正则化参数设置为 0.05。

4.4.3 四种参照算法结果比较

图 4-3 为主观质量比较。图 4-3（a）为低分辨率人脸图像；（b）～（f）分别是 BI 算法、SR 算法[35]、TV 算法[125]、NLS 算法[4]和本章提出算法（MSR）重建的结果图像；（g）是原始高分辨率图像。从图 4-3 中可以看出，BI 算法重建的结

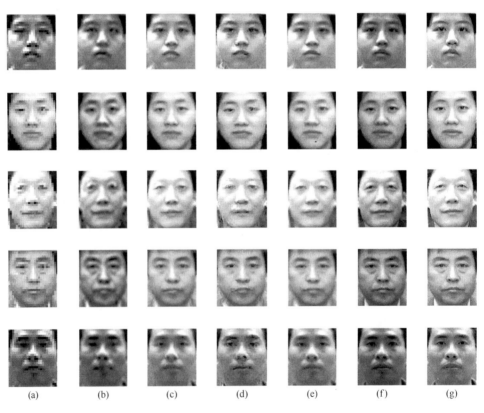

图 4-3 主观质量比数

（a）是低分辨率人脸图像；（b）～（f）分别是 BI 算法、SR 算法[35]、TV 算法[125]、NLS 算法[4]和本章提出算法
（MSR）重建的结果图像；（g）是原始高分辨率图像

果非常平滑,但是不够清晰。这主要是因为 BI 算法虽然能够改善人脸图像的空间分辨率大小,但是由于人脸图像空间分辨率放大过程中并没有增加额外的有用信息,本质上对于人脸图像质量改善没有明显作用。SR 算法[35]、TV 算法[125]、NLS 算法[4]和本章提出算法都是基于学习的算法,从样本库中学习了人脸图像的先验信息,因此重建的图像质量好于 BI 算法。由于对边缘和纹理采用统一的稀疏正则项进行约束,SR 算法[35]中重建结果出现过平滑现象。TV 算法[125]重建图像的边缘比较明显,但有明显的重建误差和鬼影效应,这主要由约束信息不足或过度造成。NLS 算法[4]重建结果的边缘比较平滑。较之参考算法,本章提出的基于多形态稀疏编码的人脸超分辨率算法(MSR)明显地改善了重建结果图像的清晰度,也减少了重建带来的人工效应和鬼影效应。本章算法取得了比参考算法好的主观质量。

为了进一步验证本章提出算法的有效性和先进性,对以上算法重建的人脸图像的客观质量进行了比较。客观质量的评价主要采用 PSNR 标准来衡量。客观标准的具体计算方法如 2.4.3 节所述。PSNR 的单位是 dB,数值越大表示失真越小。

由表 4-1 给出了 20 幅低分辨率人脸图像超分辨率重建的 PSNR 值。表 4-1 所示的客观质量比较结果表明,较之参照算法,利用本章提出的算法重建的结果图像具有最高的 PSNR 值,这表明本章算法重建的结果图像更接近于原始的高分辨率图像。

表 4-1 不同算法重建结果的 PSNR 值 (单位:dB)

算法 样本	BI 算法	SR 算法[35]	TV 算法[125]	NLS 算法[4]	本章算法(MSR)
测试图像 1	23.177 1	25.146 8	28.177 1	28.457 2	30.780 5
测试图像 2	24.933 7	24.957 2	24.933 7	24.975 1	27.357 0
测试图像 3	22.661 2	24.079 7	26.661 2	26.795 8	28.014 7
测试图像 4	22.881 6	24.164 1	26.881 6	27.110 1	28.262 9
测试图像 5	22.094 7	28.138 4	26.094 7	26.453 5	27.876 8
测试图像 6	22.351 9	25.042 9	26.351 9	26.692 1	27.402 5

续表

算法 样本	BI 算法	SR 算法[35]	TV 算法[125]	NLS 算法[4]	本章算法（MSR）
测试图像 7	22.934 3	25.368 2	26.934 3	27.103 8	28.346 7
测试图像 8	22.103 6	24.050 3	26.103 6	26.430 4	27.162 1
测试图像 9	23.446 7	26.197 7	27.446 7	27.833 2	28.913 5
测试图像 10	21.683 4	25.303 1	26.683 4	26.878 7	27.943 2
测试图像 11	21.532 2	25.741 0	26.532 2	26.974 5	28.558 1
测试图像 12	23.597 9	27.787 8	28.597 9	28.918 7	29.974 6
测试图像 13	22.195 5	28.930 1	27.195 5	27.334 5	28.402 6
测试图像 14	22.421 2	29.689 5	27.421 2	27.701 2	29.076 3
测试图像 15	23.875 9	29.907 8	28.875 9	28.663 4	30.891 0
测试图像 16	22.813 1	29.658 4	27.813 1	27.890 2	28.840 3
测试图像 17	25.128 9	30.632 2	29.128 9	29.398 7	30.092 0
测试图像 18	21.254 8	27.506 7	26.254 8	26.387 6	26.971 6
测试图像 19	22.672 8	26.830 1	27.672 8	28.295 9	28.968 0
测试图像 20	22.414 6	29.034 1	27.414 6	27.452 1	28.548 3
均值	22.808 8	26.908 3	27.158 8	27.387 3	28.619 1

上述实验表明，无论从人眼视觉效果，还是客观评价指标，本章提出的算法（MSR）可以更好地对人脸图像进行超分辨率处理，获得更好的图像重建质量。

4.5 本章小结

人脸是人类最熟悉的内容之一，重建人脸图像的细微误差都会带来明显的视觉偏差。本章分析了已有超分辨率算法在人脸稀疏表示过程中存在的不足，在此基础上就人脸多形态稀疏表示进行了探讨。首先对高低分辨率训练样本图像进行分解，提取低频卡通成分和高频纹理成分，训练得到卡通成分耦合字典对和纹理成分耦合字典对。其次针对输入人脸图像的卡通成分采用总变分正则项约束其平滑性，对于纹理成分采用非局部相似性正则项约束其规则性。最后将各自重建结果进行融合，得到最终的高分辨率人脸图像。该算法提出的差异化约束规则适应了图像的多成分构成特点，从而能有效地保持轮廓保真度和细节逼真度，改善了人脸图像重建质量。在中国科学院人脸数据库上的实验表明，本章提出的算法（MSR）较之前沿的算法有较好的重建效果，较之已有算法，该算法很好地保持了人脸的纹理和轮廓信息，避免了过平滑或锯齿效应。在该算法中，图像多形态成分的分解是关键，后续研究中将进一步针对人脸图像的特点，充分挖掘人脸特征形态，开展对噪声、姿势等具有鲁棒性的超分辨率算法研究。

第5章 基于稀疏卷积神经网络的人脸超分辨率算法

5.1 概 述

基于学习的人脸超分辨率算法通过大量样本学习得到低分辨率图像块和高分辨率图像块之间的映射关系，这对超分辨率重建结果有至关重要的影响。目前已有不少经典机器学习算法被应用于映射关系的学习[129]。CNN[130,131]作为一种有效的 DL[132]算法，近些年在人脸检测[133]、语音处理[134]、图像理解[135]、高光谱图像重建[136]、图像超分辨率[137-139]、视频超分辨率[140]等领域得到了有效应用，受到了广泛的关注。CNN 算法得到广泛应用主要有以下三个原因：一是现代图形处理器（graphics processing unit，GPL）技术为训练海量样本数据提供了硬件支撑；二是新近提出的改进线性单元（rectified linear unit，ReLU）算法极大地提高了学习过程的收敛速度和效果；三是在图像应用中很容易获得大量数据以便训练得到大规模模型[141]。目前，一系列 CNN 算法及其改进算法已被广泛应用于计算机视觉、模式识别和人工智能等领域的映射关系学习中。

2014 年 Dong 等[141]提出了基于深度卷积神经网络的图像超分辨率（superresolution using deep convolutional neural network，SDCNN）方法，将深度卷积神经网络应用于单帧自然图像超分辨率中。该方法将单帧自然图像超分辨率过程当作 CNN 训练过程，通过直接从高低分辨率图像训练样本中训练得到一个 CNN，基于该 CNN 实现端到端的映射关系，即在该神经网络中，输入低分辨率图像，直接输出对应的高分辨率图像。实现上述过程即实现了对低分辨率图像进行超分辨率重建的过程。结果显示，SDCNN 算法取得了较 SR 算法[35]、NE 算法[22]、ANR 算法[3]等更好的超分辨率重建结果。2016 年 Dong 等[142]在 SDCNN 算法的基础上，进一步改进了算法运行速度和超分辨率重建效果。

2014 年 Cui 等[143]提出基于深度级联网络的图像超分辨率算法，利用小尺度放大因子和深度级联网络，逐层实现低分辨率图像上采样。在级联的每一层上都采用多层协作自动编码器进行非局部自相似块匹配。在该算法中深度学习网络并没有用来训练得到一个端到端的映射关系。

2016 年 Kim 等[144]提出基于深度递归卷积网络的图像超分辨率算法，通过递归监督和跳过连接两种方式来改进简单的递归网络，采用 16 层深度递归，实现在卷积过程中不引入新参数情况下改进超分辨率重建效果的目的。

以上基于 CNN 的图像超分辨率算法[141-144]都是通过深度网络学习，得到高低分辨率图像块之间的端到端映射关系。这类算法较之传统的流形学习算法[22]、稀疏表示算法[35]等具有明显的学习优势。但是，上述基于 CNN 图像超分辨率的算法中都是利用 CNN[145]来对训练样本进行学习，这势必导致学习过程中忽略了图像自身的先验信息以及从高分辨率图像到低分辨率图像的降质过程信息。

2014 年，Osendorfer 等[146]提出新的基于 CNN 的单帧自然图像超分辨率算法，该算法在样本图像块的稀疏编码系数基础上执行卷积训练操作，得到映射模型，该模型可以方便地应用于任意大小的测试图像而无须任何额外成本。

2015 年，Wang 等[147]提出深度改进稀疏编码的图像超分辨率算法，通过将深度学习的神经网络整合进传统稀疏编码框架，减小了模型规模，进而实现超分辨率重建效率和效果的提升。在该文献中采用特定的学习迭代收缩阈值算法（learned iterative shrinkage and thresholding algorithm，LISTA）[148]实现高低分辨率图像块的非线性映射。文献[147]认为，传统稀疏编码可以在级联的学习网络中实现端到端的非线性映射，在深度学习超分辨率方面依然拥有较大价值。

2016 年 Shi 等[149]提出一种基于高效的亚像素卷积神经网络的超分辨率（efficient sub-pixel convolutional neural network，ESPCN）算法。该算法针对现有基于深度学习的超分辨率算法在重建之前大多需要对输入低分辨率图像进行上采样，然后在高分辨率空间进行超分辨率重建而带来的效果不是最优以及增加额外计算量等问题，提出在低分辨率空间提取图像特征，采样亚像素卷积层学习低分辨率特征到高分辨率图像之间的映射关系。

受基于 CNN 的图像超分辨率算法[141-143]和稀疏卷积神经网络算法[147, 150, 151]启发，本章提出基于稀疏卷积神经网络的人脸超分辨率算法（sparse convolutional neural network for face halluciantion，SCNFH）。该算法具有以下特点。

（1）SCNFH 算法能有效地弥补基于稀疏表示超分辨率算法存在的算法各环节不能统一优化的不足。基于稀疏表示的算法首先要求学习得到一个高低分辨率字典对，其次计算输入图像块在低分辨率字典上的稀疏表示系数，最后将得到的稀疏表示系数映射到高分辨率字典计算得到输出高分辨率图像块。该算法包含的几个步骤不能采取统一优化方法进行优化，计算复杂度高，结果不是最优，最终影响算法效率和效果。基于深度学习的算法可以将字典学习、稀疏编码及系数映射、超分辨率重建等过程纳入统一的优化流程，实现从低分辨率输入图像到高分辨率输出图像之间的端到端非线性映射。

（2）SCNFH 算法在卷积神经网络训练过程中能有效地保留图像稀疏先验信息。基于标准 CNN 超分辨率算法，采用通用的大容量、数据驱动的深度学习算法并不一定适合于解决人脸超分辨率过程中存在的病态问题，主要原因在于没有充分地利用人脸图像先验信息。这里考虑将稀疏先验信息整合到 CNN 深度学习过程中，进而改进人脸图像超分辨率重建效果。

5.2 相关研究

5.2.1 卷积神经网络

1986 年，Rumelhart 等[152]提出了基于人工神经网络的反向传播（back propagation，BP）算法，该算法较之传统基于规则的机器学习算法获得了更好的性能，从而使得神经网络在机器学习领域受到广泛关注。神经网络训练过程存在大量参数，受计算复杂度影响，早期神经网络只有一层隐节点或者没有隐节点，也称作浅层机器学习模型。此类模型需要由人工方法获取好的样本特征，这使得该算法很大程度上受到特征提取效果的制约。

DL 是机器学习的分支，是一种试图使用包含复杂结构或由多重非线性变换构成的多个处理层对数据进行高层抽象的算法。2014 年 Dong 等[141]提出了深度学习的概念，认为通过深度结构的学习能够有效地学习到可表示高层抽象特征的复杂函数，深度结构可以通过多隐层、无监督的人工神经网络来实现。至今已有多种深度学习框架被应用于计算机视觉、语音识别、自然语言处理、音频识别与生物信息学等领域并获得了较好效果，如深度神经网络、卷积神经网络、深度置信网络和递归神经网络。

目前文献报道的有多种卷积神经网络，其基本结构相似，主要由卷积层（convolutional layers）、池化层（pooling layers）和全连接层（fully-connected layers）等组成[130]。

卷积层目标是学习输入的特征表示，它通常由一系列卷积核组成，不同卷积核用于计算不同特征图。每个特征图的神经元与上一层邻近神经元区域连接。这个邻域在前一层称为神经元的感受场。新的特征图可以通过以下步骤得到：首先将输入与学习的内核进行卷积，然后对卷积结果应用基于元素的非线性激活函数。每个特征图在生成过程中，共享空间位置卷积核。完整特征图通过使用几个不同核得到。对于第 l 层 k 个特征图在位置 (i,j) 上的特征值 $v_{i,j,k}^l$ 可以通过式（5-1）来计算

$$v_{i,j,k}^l = w_k^{l\mathrm{T}} x_{i,j}^l + b_k^l \tag{5-1}$$

其中，w_k^l、b_k^l 分别是第 l 层第 k 个特征图的权重向量和偏置项；$v_{i,j,k}^l$ 是第 l 层以位置 (i,j) 为中心的输入块。生成特征图的核 w_k^l 可以共享，其好处有两点：一是降低模型复杂度；二是使得网络容易训练。

CNN 的激活函数（activation function）主要用于检测多层网络的非线性特征。典型的激活函数有 Sigmoid、tanh[153]和 ReLU[148]。假设 activate(•) 表示非线性激活函数，卷积特征 $v_{i,j,k}^l$ 的激活值 $a_{i,j,k}^l$ 可以通过式（5-2）来计算：

$$a_{i,j,k}^l = \mathrm{activate}(z_{i,j,k}^l) \tag{5-2}$$

池化层通常处于两个卷积层之间，其作用是通过降低特征图的分辨率来实现移位不变性。假设池化函数为 pooling(•)，对每个特征图 $a_{i,j,k}^l$ 有

$$y_{i,j,k}^l = \mathrm{pooling}(a_{m,n,k}^l), \quad \forall (m,n) \in \mathrm{Neihood}_{ij} \tag{5-3}$$

其中，$\mathrm{Neihood}_{ij}$ 是位置 (i,j) 的局部近邻。典型的池化操作有平均池化和最大池化

两种。单层卷积可用于提取图像的边缘、轮廓等低级特征，通过多层卷积和池化叠加，可以逐步提取更高层次抽象的特征表示。

经过多个积卷层和池化层后，一个或多个全连接层将被用于高层次推理应用。全连接层将上一层的所有神经元与本层所有神经元进行连接，然后生成具有全局意义的信息。全连接层可以用 $1 \otimes 1$ 卷积层替换。

CNN 的最后一层是输出层。根据应用目的的不同，输出层操作也不尽相同，对于分类任务常用 softmax、SVM 等操作。

对于不同的任务参数优化，均可以通过最小化合适的损失函数（loss function）实现。假设有 N 个输入-输出联系 $\{x^{(n)}, y^{(n)}\}, n \in [1, \cdots, N]$，$x^{(n)}$ 是第 n 个输入数据，$y^{(n)}$ 是与 $x^{(n)}$ 对应的标记，$o^{(n)}$ 是 CNN 输出结果，则损失函数表示为

$$L = \frac{1}{N} \sum_{n=1}^{N} \ell(\theta; y^{(n)}, o^{(n)}) \tag{5-4}$$

训练 CNN 是一个全局优化问题。通过最小化代价函数，可以找到最优参数集。随机梯度下降（stochastic gradient descent，SGD）通常被用于求解 CNN 参数优化问题[154]。

5.2.2 稀疏卷积神经网络

在标准卷积神经网络算法[130]的基础上，研究者提出了一系列改进算法[155-159]。结合稀疏性这一重要表示特征，Liu 等[151]提出稀疏卷积神经网络算法，Uhrig 等[150]提出稀疏不变量卷积神经网络算法，Zhang 等[156]提出分组稀疏卷积神经网络算法。这里将简要介绍稀疏卷积神经网络算法。

假设输入特征图 $I \in \mathbb{R}^{h \times l \times m}$，$h$、$l$、$m$ 分别表示输入特征图高、宽和通道数量，卷积核 $W \in \mathbb{R}^{f \times f \times m \times n}$，$f$ 表示卷积核大小，n 表示输出通道数。假设卷积过程中没有零填充并且接近于 1，那么卷积层的输出特征图 $O \in \mathbb{R}^{(h-f+1) \times (l-f+1) \times n} = W \otimes I$，可以表示为

$$O(y, x, j) = \sum_{i=1}^{m} \sum_{u,v=1}^{a} W(u, v, i, j) I(y+u-1, x+v-1, i) \tag{5-5}$$

稀疏卷积编码的目标是利用基于稀疏矩阵乘法的快速稀疏卷积操作替换式（5-5）中计算复杂度较高的卷积操作 $O = W \otimes I$。为实现该目标，利用矩阵 $P \in \mathbb{R}^{m \times m}$ 对卷积操作中的张量 I 和卷积核 W 进行转换，使得 $O = W \otimes I \approx R \otimes J$，$R \in \mathbb{R}^{f \times f \times m \times n}, J \in \mathbb{R}^{h \times l \times m}$，其中

$$W(u,v,i,j) \approx \sum_{k=1}^{m} R(u,v,k,j) P(k,i)$$
$$J(y,x,i) \approx \sum_{k=1}^{m} P(k,i) I(y,x,k) \tag{5-6}$$

对于每一个通道 $i = 1, \cdots, m$，将张量 $R(\cdot,\cdot,i,\cdot) \in \mathbb{R}^{s \times s \times n}$ 分解为矩阵 $S_i \in \mathbb{R}^{g_i \times n}$ 和张量 $G_i \in \mathbb{R}^{f \times f \times g_i}$ 的乘积，其中 g_i 是基的数字。

$$R(u,v,i,j) \approx \sum_{k=1}^{g_i} S_i(k,j) G_i(u,v,k)$$
$$T_i(y,x,k) = \sum_{u,v=1}^{f} G_i(u,v,k) J(y+u-1, x+v-1, i) \tag{5-7}$$

最终得到

$$O(y,x,j) \approx \sum_{i=1}^{m} \sum_{u,v=1}^{g_i} S_i(k,j) T_i(y,x,k) \tag{5-8}$$

经过上述变换之后，稀疏卷积编码的任务转换为查找矩阵 P、G_i 和 S_i，$i = 1, \cdots, m$。g_i 比 f^2 要小得多，矩阵 S_i 中有大量的零元素，因此稀疏卷积编码的运算效率比卷积神经网络要显著提高，同时，新的稀疏卷积核 R 提供的输出结果与原始卷积核 W 提供的输出结果非常接近。

5.2.3 基于深度卷积神经网络的超分辨率算法

深度学习能够利用级联 CNN 和非线性层尽可能多地获取图像的局部和全局结构信息，因此基于深度学习的算法在超分辨率中取得了较好效果。根据最终重建高分辨率图像的方式不同，基于深度学习超分辨率算法可以分为训练端到端映射类算法[141]和训练非端到端映射类算法[143]。这里简要介绍前者。

Dong 等[141]提出的基于深度卷积神经网络(deep convolutional neural networks，DCNN)的单帧图像超分辨率算法流程如图 5-1 所示。

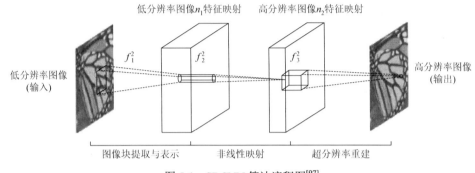

图 5-1 SDCNN 算法流程图[97]

DCNN 算法将图像超分辨率重建过程分为图像块提取、非线性映射和超分辨率重建三个阶段。

假设低分辨率输入图像为 Y_0，进行插值上采样后得到图像 Y，Y 和 Y_0 相比并没有增加额外信息，因此为了方便超分辨率重建，这里将 Y 当做输入低分辨率图像。超分辨率重建的目标是从输入图像 Y 得到高分辨率图像 $F(Y)$，使得 $F(Y)$ 尽可能地接近原始图像 X。在 SDCNN 算法中则是希望通过学习得到映射函数 F。

在图像块提取阶段，不同于浅层学习方法采用 PCA、DCT 等操作，SDCNN 算法采用滤波器卷积方法。提取图像块的第一层优化网络可以表示为

$$F_1(Y) = \max(0, W_1 \otimes Y + B_1) \quad (5\text{-}9)$$

其中，W_1 与 B_1 分别表示滤波器和误差；$\otimes$ 表示卷积操作；W_1 对应于 n_1 滤波器，表示为 $c \times f_1^2$，c 为输入图像通道，f_1 表示滤波器的空间大小；W_1 对图像 Y 进行 n_1 卷积，每次核大小为 $c \times f_1^2$，输出为 n_1 特征映射；B_1 为 n_1 维向量。

在非线性映射阶段，第二层优化网络表示为

$$F_2(Y) = \max(0, W_2 \otimes F_1(Y) + B_2) \quad (5\text{-}10)$$

其中，W_2 表示大小为 $n_1 \times f_2^2$ 的 n_2 滤波器；B_2 表示 n_2 维向量。每个 n_2 维向量输出表示一个高分辨率重建图像块。通过增加卷积层，可以提高非线性能力。不过，本方法在加深网络层数的同时并未获得更好的效果。

在超分辨率重建阶段，第三层优化网络表示为

$$F_3(Y) = W_3 \otimes F_2(Y) + B_3 \qquad (5\text{-}11)$$

其中，W_3 表示大小为 $n_2 \times f_3^2$ 的 n_2 滤波器；B_3 表示 c 维向量。考虑到相邻图像块之间的交叠平均，这里选用第三层卷积来实现。

三个卷积层使用的卷积核的大小分为 9×9、1×1 和 5×5，前两个的输出特征个数分别为 64 和 32。用 Timofte 数据集（包含 91 幅图像）和 ImageNet 大数据集进行训练。使用 MSE 作为损失函数。

由以上分析不难发现，图像块提取、非线性映射和超分辨率重建三个过程具有相似的卷积形式。这为我们整合上述过程，构建统一的卷积神经网络对滤波器系数和误差项进行优化提供了可能。

5.3 基于稀疏卷积神经网络的人脸超分辨率算法框架

5.3.1 问题定义

假设 I_H、I_L 分别表示高低分辨率训练样本图像集；I_S 表示超分辨率图像，其中，高分辨率图像 I_H 只在训练样本中存在，其对应的低分辨率训练图像是 I_L。在训练阶段，训练低分辨率图像 $I_L^q (q=1,\cdots,Q)$ 由对应的高分辨率图像 $I_H^q (q=1,\cdots,Q)$ 经过高斯滤波和下采样得到，Q 表示训练样本的数量，I_L 大小为 d_1 像素 $\times d_2$ 像素，下采样因子为 s，则 I_H 大小为 $sd_1 \times sd_2$。

SCNFH 方法的目标是训练一个生成函数 $F(\cdot)$，使得输入低分辨率图像后能生成对应的高分辨率图像。为实现该目标，需要训练前馈 CNN 网络 F_Θ，其参数 $\Theta = \{W_{1:K}; b_{1:K}\}, k=1,\cdots,K, W_{1:K}$ 与 $b_{1:K}$ 分别表示第 k 层深度网络的权重和偏差，K 表示网络层数。参数 Θ 通过损失函数 $\text{loss}(\cdot)$ 优化得到。网络 F_Θ 的参数 Θ 优化过程为

$$\tilde{\Theta} = \arg\min_{\Theta} \frac{1}{Q}\sum_{q=1}^{Q} \text{loss}(F(I_L^q, \Theta), I_H^q) \qquad (5\text{-}12)$$

在 SDCNN 算法[97]中，使用 MSE 作为损失函数，则式（5-12）转换为

$$\tilde{\Theta} = \arg\min_{\Theta} \frac{1}{Q} \sum_{q=1}^{Q} \| F(I_L^q, \Theta) - I_H^q \|_2^2 \quad (5\text{-}13)$$

使用具有标准 BP 的 SGD[154]对式（5-13）进行求解，得到损失最小化解。

SCNFH 将根据人脸图像超分辨率重建的需要，对超分辨率过程中不同需要构建不同的损失函数，通过加权整合得到最终的感知损失函数 loss(•)。

对于给定低分辨率输入图像 I_{in}，其 SCNFH 的超分辨率重建图像为 $\widetilde{I_S} = F(I_{in}, \Theta)$。

5.3.2 特征提取

特征提取是有效表示图像数据的前提。基于浅层学习的超分辨率算法多采用一二阶梯度、纹理、HOG、Haar 等特征表示图像数据，特征选择都是人为事先设定的，这限制了特征对图像数据的有效表达。CNN 是一种局部连接网络，它具有感受野局部性和权值共享性，符合视觉神经从局部到整体的认证特性，且训练参数比全连接网络少。在提取图像特征时具有明显优势，既能体现局部相似性，又能体现全局统计特性。在这里采用与文献[141]类似的特征提取方法，将特征提取过程与稀疏表示、非线性映射、超分辨率重建等纳入统一框架，由深度 CNN 优化完成自动提取特征。

SCNFH 算法中人脸图像块的特征由 CNN 的输入层卷积实现。卷积层计算公式如下：

$$\text{conv} = \text{activate}(W_k \otimes I_L^q + b_k) \quad (5\text{-}14)$$

其中，W_k 与 b_k 分别表示第 k 层卷积核和神经元偏置值，$k=1,\cdots,K$；I_L^q 是人脸灰度图像矩阵。卷积核 W_k 的大小为 $f_k \times f_k$，W_k 对图像 I_L^q 进行卷积操作结果加上神经元偏置值 b_k，输出卷积结果矩阵值。不同的卷积核 W_k，可以提取不同的特征图，通常使用多个卷积层来得到更深层次的特征图。

activate(•) 表示激活函数，用来增加非线性特性，提高模型的表达能力。这里选用 ReLU[141]作为激活函数，其表达形式为

$$f(\text{conv}) = \max(0, \text{conv}) \tag{5-15}$$

较之 Sigmoid 和 tanh 函数,ReLU 函数在计算激活值时不需要计算指数,仅需要设置阈值,且解决了梯度耗散问题,ReLU 激活函数可以加快收敛速度。ReLU 是线性修正,如果计算出的值小于 0,就让它等于 0,否则保持原来的值不变。ReLU 具有引导适度稀疏的能力,训练后的网络具有适度的稀疏性。

假设卷积特征提取过程中,卷积核移动步长为 stride,补零个数为 padding,卷积后得到的特征图长、宽计算公式如下:

$$\begin{aligned}\text{featureMap}\_w &= (d_1 + \text{padding} \times 2 - f_k)/\text{stride} + 1 \\ \text{featureMap}\_h &= (d_2 + \text{padding} \times 2 - f_k)/\text{stride} + 1\end{aligned} \tag{5-16}$$

对于人脸图像 I_L^q 经 W_k 卷积操作后得到 K 个特征图表示为

$$K \times \text{featureMap}\_w \times \text{featureMap}\_h \tag{5-17}$$

5.3.3 网络训练

与基于稀疏表示算法类似,SCNFH 算法包含图像块表示、高低分辨率图像块编码系数映射和超分辨率重建三个模块,不同之处在于 SCNFH 算法将上述三个独立模块纳入到一个稀疏卷积神经网络中。该网络包含三个基本层次:输入层、隐含层和输出层。网络中各个神经元从输入层开始,接收前一级输入,并输入到下一级,直至输出层。

在输入层中,它采用卷积的方法提取输入图像的局部特征模式,单向传递给隐含层,随着隐含层网络层数的加深而学习得到更深层级的特征。最后,由输出层得到重建图像。

网络通过最小化重建得到的结果图像和原始高分辨率图之间的代价来不断调整网络参数 $\varTheta = \{W_{1:K}; b_{1:K}\}, k=1,\cdots,K$。对于一组高分辨率人脸图像 I_H 和一组由 CNN 网络重建得到的超分辨率图像 $F(I_L, \varTheta)$,采用 MSE 作为代价函数:

$$\text{loss}(\varTheta) = \frac{1}{Q}\sum_{q=1}^{Q}\| F(I_L^q, \varTheta) - I_H^q \|_2^2 \tag{5-18}$$

其中，Q 表示训练样本的数量，利用梯度下降法和网络 BP 来最小化 MSE 以调整网络的参数，网络权重更新过程为

$$\begin{cases} \Delta_{k+1} = \lambda \times \Delta_k - \beta \times \dfrac{\partial \mathrm{loss}(\Theta)}{\partial W_k^i} \\ W_k^{i+1} = W_k^i + \Delta_{k+1} \end{cases} \quad (5\text{-}19)$$

其中，Δ_k 为上一次的权重更新值；k 为训练网络层数；λ 为结合动量；β 为学习率；i 为网络的迭代次数；W_k^i 为第 k 层网络第 i 次迭代时的权重；$\dfrac{\partial \mathrm{loss}(\Theta)}{\partial W_k^i}$ 为对代价函数中相应的权重求偏导，初始权重采用零均值高斯分布随机进行初始化；网络的学习率采用固定值。学习率太小，收敛过慢；学习速率太大，代价函数会振荡。

SCNFH 算法在 SDCNN[141]第一层、第二层卷积层之后增加池化层，其作用体现在两方面：一是对输入的特征图进行压缩，简化网络计算复杂度；二是进一步提取主要特征。通过池化来降低卷积层输出的特征向量，同时改善结果。池化层不会减少特征图的个数，只会缩减其大小，其本质是对特征图进行下采样操作。

最常见的池化操作为平均池化、最大池化、重叠池化和空间金字塔池化等[160, 161]。这里采用最大池化，即池化作用于图像中不重合的区域，选区域的最大值作为该区域池化后的值。

5.3.4 超分辨率重建

前面介绍了 SCNFH 超分辨率算法的人脸特征提取和网络训练过程，本节重点介绍如何基于训练得到的网络模型重建高分辨率人脸图像的过程。在传统的基于局部分块的人脸超分辨率算法[22, 31, 34, 35, 44-46, 52, 66]中，通常是将整幅图像分解成小块，分别对每个图像块进行重建，然后将重建后的图像块进行融合，消除块效应，得到最终高分辨率人脸图像。这里采用与 SDCNN 算法[141]类似操作，将上一层特征图作为整体进行卷积操作得到高分辨率图像，如式（5-20）所示：

$$F(Y) = W_k \otimes F_{k-1}(Y) + B_k \quad (5\text{-}20)$$

其中，W_k 表示大小为 $n_2 \times f_k^2$ 的 n_2 卷积核；B_k 表示 c 维向量。特征图上所有像素点执行以下操作得到重建高分辨率图像对应位置的像素值：首先将特征图上所有像素点与重建层卷积核对应的权值点积相乘，求和之后再加上 CNN 训练得到的偏置项，得到卷积值；其次利用非线性变换函数对卷积值进行映射，得到输出高分辨率图像上与某个点的像素值。

对于给定低分辨率输入图像 I_{in}，其 SCNFH 的超分辨率重建图像为

$$\widetilde{I}_S = F(I_{in}, \Theta) \qquad (5\text{-}21)$$

其中，$\Theta = \{W_{1:K}; b_{1:K}\}, k = 1, \cdots, K, W_{1:K}$ 与 $b_{1:K}$ 分别表示第 k 层深度网络的权重和偏差，K 表示网络层数。超分辨率 CNN 模型中，通过深度学习训练得到网络参数 Θ。通过增加 CNN 隐含层数量，可以改善超分辨率重建效果[162]。增加隐含层数量同时意味着大大增加 CNN 复杂度，实际超分辨率重建过程中尽量在重建质量和结构复杂度方面取得一定平衡。

5.4 实验结果及分析

本节将通过实验来验证所提出 SCNFH 算法的有效性，并与前沿的方法进行比较以验证其先进性。本节所有的实验均在 MATLAB 8.5（R2015a）环境下展开测试，代码运行的硬件环境是 Intel E5v4 2.5GHz 16 核 32 线程 CPU，128GB RAM，操作系统为 64 位 Ubuntu。参照算法为 BI 算法、基于稀疏表示的算法（SR）[35]、基于卷积神经网络的算法（SDCNN）[141]。

为了验证本章提出的算法，采用中国科学院人脸数据集 CAS-PEAL-R1[1]中的部分图像作为标准测试图像。CAS-PEAL-R1 中共包含 1040 个人的 30 900 幅人脸图像。实验中选用均匀光照条件下，1040 个人的正面中性表情人脸图像作为训练和测试数据集。所有人脸图像在使用前，先作归一化处理：抠取图像大小为 112 像素×100 像素，选取眼睛、鼻子、嘴巴等特征点进行对齐。对齐后的人脸图像进行平滑、下采样，得到高低分辨率人脸图像对，随机选取 1000 对人脸图像作为训练样本图像，余下人脸图像作为测试输入。训练样本低分辨率人脸图像和测试

人脸图像大小均为 28 像素×25 像素。为了便于比较，上述所有参照算法中的缩放因子均为 4。

SDCNN 方法给出了较低的学习率，第一层、第二层为10^{-4}，第三层为10^{-5}。这里根据实践经验设置为10^{-3}。SR 算法[35]中高低分辨率字典对的训练、SDCNN 算法[123]和 SCNFH 算法中卷积神经网络模型的训练都是通过离线方式学习得到的。测试图像经过事先训练好的网络模型参数的优化处理，生成最终超分辨率结果图像。

5.4.1 主观结果

图 5-2 给出了 4 种参照算法对测试图像进行超分辨率重建的部分结果。图 5-2（a）为低分辨率人脸图像，图 5-2（b）～（e）分别是 BI 算法、SR 算法[35]、SDCNN 算法[141]和本章提出的 SCNFH 算法重建的结果图像；图 5-2（f）是原始高分辨率图像。从图 5-2（b）中可以看出，BI 算法重建的结果图像非常平滑，但是主观质量不够清晰。这主要是因为 BI 算法虽然能够改善人脸图像的空间分辨率大小，但是由于人脸图像空间分辨率放大过程中并没有增加额外的有用信息，本质上对于人脸图像质量改善没有明显作用。图 5-2（c）中的结果图像较之 BI 算法清晰度有了明显提高，主要原因在于通过样本学习增加了先验信息。但是 SR 算法[35]重建结果依然存在明显的块效应，结果图像的边缘部分也比较平滑。

SDCNN 算法[141]将编码、训练和重建过程纳入统一的 CNN 框架，实现从输入到输出的直接端到端映射，有效地改善了超分辨率重建结果。SDCNN 算法和 SCNFH 算法都属于基于 CNN 深度学习的算法，在重建层采用卷积操作，有效地消除了重建结果图像上的块效应。本章提出的 SCNFH 算法在 SDCNN 算法的基础上，进一步将图像的稀疏先验信息融入 CNN 的深度学习过程中，获取了更多的细节信息。较之参考算法，本章提出的 SCNFH 算法明显地改善了重建结果图像的清晰度，也减少了重建带来的块效应。本章算法取得了较之参照算法更好的主观视觉效果。

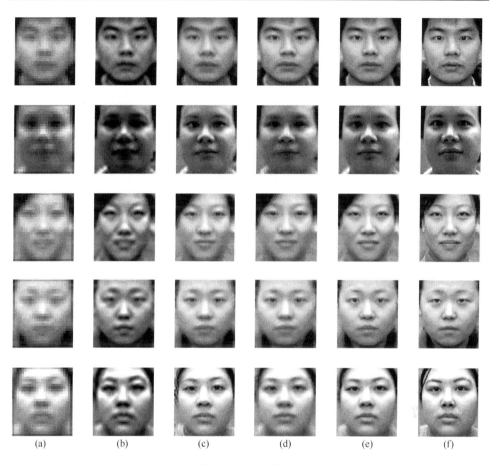

图 5-2 主观质量

（a）是低分辨率人脸图像；（b）～（e）分别是 BI 算法、SR 算法[35]、SDCNN 算法[141]和本章提出的 SCNFH 算法重建的结果图像；（f）是原始高分辨率图像

5.4.2 客观结果

客观质量的评价主要采用 PSNR 和 SSIM[80]标准来衡量。PSNR 标准是对超分辨率重建结果图像与原始图像的误差进行定量计算，PSNR 值越大表示失真越小。SSIM 是一种衡量两幅图像相似度的客观指标，在这里用来衡量超分辨率重建结果图像与原始图像之间的相似性。当两幅图像一模一样时，SSIM 的值等于 1。

表 5-1 给出了 4 种参照算法对 40 幅测试人脸图像进行处理的 PSNR 和 SSIM

平均值。本章算法获取的 PSNR 和 SSIM 平均值高于 BI 算法、SR 算法[35]、SDCNN 算法[141]。这说明 SCNFH 算法处理的结果图像与原始图像更接近，具有更好的超分辨率重建效果。

表 5-1　不同算法重建结果的 PSNR 和 SSIM 平均值

算法 样本	BI 算法	SR 算法[35]	SDCNN 算法[141]	SCNFH 算法
PSNR/dB	23.0935	26.8937	28.7771	29.0738
SSIM	0.6305	0.7953	0.8793	0.9072

上述实验表明，无论从人眼视觉效果，还是客观评价指标，本章提出的算法可以更好地对人脸图像进行超分辨率处理，获得更好的图像重建质量。

5.5　本章小结

基于深度学习的超分辨率算法，能够有效地获取图像特征和细节信息，明显改善了超分辨率重建结果图像的质量，获得了当前文献报道的最佳效果。本章针对现有基于 CNN 的超分辨率算法存在的不足，提出基于稀疏卷积神经网络的人脸超分辨率算法。该算法通过将图像的稀疏先验信息有效地整合到 CNN 学习过程中，有效地提升了网络模型学习的效果，进而改善人脸图像超分辨率重建的效果。后续研究中，将通过改进网络结构、损失函数、训练方式等环节，进一步提高深度学习超分辨率算法处理的结果、速度以及其他应用性能。

参 考 文 献

[1] GAO W, CAO B, SHAN S, et al. The CAS-PEAL large-scale Chinese face database and baseline evaluations[J]. IEEE Transactions on Systems, Man, and Cybernetics-Part A: Systems and Humans, 2008, 38 (1): 149-161.

[2] JUNG C, JIAO L, LIU B, et al. Position-patch based face hallucination using convex optimization[J]. IEEE Signal Processing Letters, 2011, 18 (6): 367-370.

[3] TIMOFTE R, DE SMET V, van Gool L. Anchored neighborhood regression for fast example-based super-resolution[C]. Proceedings of the IEEE International Conference on Computer Vision, Sydney, 2013: 1920-1927.

[4] LU J, ZHANG H R, SUN Y. Video super resolution based on non-local regularization and reliable motion estimation[J]. Signal Processing: Image Communication, 2014, 29 (4): 514-529.

[5] 靳高锋, 朱双洋, 林晞楠. 中国犯罪形势分析与预测（2017～2018）[J]. 中国人民公安大学学报（社会科学版）, 2018, 34 (2): 29-38.

[6] 中国安全防范产品行业协会. 中国安防行业"十二五（2011～2015）"发展规划[J]. 安防行业网, 2012.

[7] 周呈思, 龚轩. 省视频监控联网工程建设强势推进[N]. 湖北日报, 2016-09-15.

[8] 黎智辉. 面向视频侦查的视频内容可辨度实时增强技术研究[M]. 上海: 公安部物证鉴定中心, 2013.

[9] 卢涛. 低质量监控视频人脸超分辨率技术研究[D]. 武汉: 武汉大学, 2013.

[10] 兰诚栋. 面向低质量监控图像的鲁棒性人脸超分辨率研究[D]. 武汉: 武汉大学, 2011.

[11] BAKER S, KANADE T. Hallucinating faces[C]. Proceedings of the 4th IEEE International Conference on Automatic Face and Gesture Recognition Grenoble, New York, 2000: 83-88.

[12] 江俊君. 基于一致流形学习的人脸超分辨率算法研究[D]. 武汉: 武汉大学, 2014.

[13] OLSHAUSEN B A, FIELD D J. Emergence of simple-cell receptive field properties by learning a sparse code for natural images[J]. Nature, 1996, 381 (6583): 607-609.

[14] Vinje W E, Gallant J L. Sparse coding and decorrelation in primary visual cortex during natural vision [J]. Science, 2000, 287 (5456): 1273-1276.

[15] GHAHRAMANI Z. Probabilistic machine learning and artificial intelligence [J]. Nature, 2015, 521 (7553): 452-459.

[16] DONOHO D L. Compressed sensing[J]. IEEE Transactions on Information Theory, 2006, 52 (4): 1289-1306.

[17] WRIGHT J, YANG A Y, Ganesh A, et al. Robust face recognition via sparse representation[J]. IEEE Transactions on Pattern Analysis and Machine Intelligence, 2009, 31 (2): 210-227.

[18] HUANG T S. Multi-frame image restoration and registration [J]. Advances in Computer Vision and Image Processing, 1984, 1: 317-339.

[19] WANG N, TAO D, GAO X, et al. A comprehensive survey to face hallucination[J]. International Journal of Computer Vision, 2014, 106 (1): 9-30.

[20] NASROLLAHI K, MOESLUND T B. Super-resolution: A comprehensive survey[J]. Machine Vision and Applications, 2014, 25 (6): 1423-1468.

[21] FREEMAN W T, PASZTOR E C, CARMICHAEL O T. Learning low-level vision[J]. International Journal of Computer Vision, 2000, 40 (1): 25-47.

[22] CHANG H, YEUNG D Y, XIONG Y. Super-resolution through neighbor embedding[C]. Proceedings of the 2004 IEEE Computer Society Conference on Computer Vision and Pattern Recognition, Washington, 2004: 275-282.

[23] DONG W, ZHANG L, SHI G, et al. Nonlocally centralized sparse representation for image restoration[J]. IEEE Transactions on Image Processing, 2013, 22 (4): 1620-1630.

[24] LIU C, SHUM H Y, ZHANG C S. A two-step approach to hallucinating faces: Global parametric model and local nonparametric model[C]. Proceedings of the 2001 IEEE Computer Society Conference on Computer Vision and Pattern Recognition, Kauai, 2001.

[25] LIU C, SHUM H Y, FREEMAN W T. Face hallucination: Theory and practice [J]. International Journal of Computer Vision, 2007, 75 (1): 115-134.

[26] BAKER S, KANADE T. Limits on super-resolution and how to break them [J]. IEEE Transactions on Pattern Analysis and Machine Intelligence, 2002, 24 (9): 1167-1183.

[27] GUNTURK B K, BATUR A U, Altunbasak Y, et al. Eigenface-domain super-resolution for face recognition[J]. IEEE Transactions on Image Processing, 2003, 12 (5): 597-606.

[28] SU C, ZHUANG Y, HUANG L, et al. Steerable pyramid-based face hallucination [J]. Pattern Recognition, 2005, 38 (6): 813-824.

[29] WANG X, TANG X. Hallucinating face by eigentransformation [J]. IEEE Transactions on Systems, Man, and Cybernetics-Part C: Applications and Reviews, 2005, 35 (3): 425-434.

[30] CHAKRABARTI A, RAJAGOPALAN A N, Chellappa R. Super-resolution of face images using kernel PCA-based prior[J]. IEEE Transactions on Multimedia, 2007, 9 (4): 888-892.

[31] TAN W, CHEUNG G, Ma Y. Face recovery in conference video streaming using robust principal component analysis[C]. 2011 18th IEEE International Conference on Image Processing, Brussels, 2011: 3225-3228.

[32] ZHUANG Y, ZHANG J, Wu F. Hallucinating faces: LPH super-resolution and neighbor reconstruction for residue compensation [J]. Pattern Recognition, 2007, 40 (11): 3178-3194.

[33] PARK J S, LEE S W. An example-based face hallucination method for single-frame, low-resolution facial images [J]. IEEE Transactions on Image Processing, 2008, 17 (10): 1806-1816.

[34] YANG J C, TANG H, MA Y, et al. Face hallucination via sparse coding[C]. 15th IEEE International Conference on Image Processing, San Diego, 2008: 1264-1267.

[35] YANG J C, WRIGHT J, HUANG T S, et al. Image super-resolution via sparse representation[J]. IEEE Transactions on Image Processing, 2010, 19 (11): 2861-2873.

[36] HSU C C, LIN C W, HSU C T, et al. Cooperative face hallucination using multiple references[C]. Proceedings of the 2009 IEEE International Conference on Multimedia and Expo, New York, 2009: 818-821.

[37] ZHANG W, CHAM W K. Hallucinating face in the DCT domain[J]. IEEE Transactions on Image Processing, 2011, 20 (10): 2769-2779.

[38] MOGHADDAM B. Principal manifolds and probabilistic subspaces for visual recognition [J]. IEEE Transactions on Pattern Analysis and Machine Intelligence, 2002, 24 (6): 780-788.

[39] HUANG H, HE H, FAN X, et al. Super-resolution of human face image using canonical correlation analysis[J]. Pattern Recognition, 2010, 43 (7): 2532-2543.

[40] LI X, XIA Q, ZHUO L. A KPLS-eigentransformation model based face hallucination Algorithm[J]. Chinese Journal of Electronics, 2012, 21 (4): 683-686.

[41] JIAN M, LAM K M, Dong J. A novel face-hallucination scheme based on singular value decomposition[J]. Pattern Recognition, 2013, 46 (11): 3091-3102.

[42] JIAN M, LAM K M. Simultaneous hallucination and recognition of low-resolution faces based on singular value decomposition[J]. IEEE Transactions on Circuits and Systems for Video Technology, 2015, 25 (11): 1761-1772.

[43] DONG C, LOY C C, HE K, et al. Image super-resolution using deep convolutional networks[J]. IEEE Transactions on Pattern Analysis and Machine Intelligence, 2016, 38 (2): 295-307.

[44] STEPHENSON T A, Chen T. Adaptive Markov random fields for example-based super-resolution of faces[J]. EURASIP Journal on Advances in Signal Processing, 2006, 2006 (1): 31-62.

[45] 黄华, 樊鑫, 齐春, 等. 基于粒子滤波的人脸图像超分辨率重建方法[J]. 软件学报, 2006, 17 (12): 2529-2532.

[46] HU Y, SHEN T, LAM K M. Region-based eigentransformation for face image hallucination[C]. IEEE International Symposium on Circuits and Systems, Taipei, 2009: 1421-1424.

[47] PARK S W, SAVVIDES M. Breaking the limitation of manifold analysis for super-resolution of facial images[C]. IEEE International Conference on Acoustics, Speech and Signal Processing, Honolulu, 2007: 573-576.

[48] ZHANG X, PENG S, Jiang J. An adaptive learning method for face hallucination using locality preserving projections[C]. 2008 8th IEEE International Conference on Automatic Face & Gesture Recognition, Amsterdam, 2008: 1-8.

[49] CHANG L, ZHOU M, Han Y, et al. Face sketch synthesis via sparse representation[C]. 20th International Conference on Pattern Recognition (ICPR), Istanbul, 2010: 2146-2149.

[50] MA X, ZHANG J, QI C. Hallucinating face by position-patch[J]. Pattern Recognition, 2010, 43 (6): 2224-2236.

[51] WU W, LIU Z, HE X. Learning-based super resolution using kernel partial least squares[J]. Image and Vision Computing, 2011, 29 (6): 394-406.

[52] JIANG J J. Low-resolution and low-quality face super-resolution in monitoring scene via support-driven sparse coding[J]. Journal of Signal Processing Systems, 2014, 75 (3): 245-256.

[53] JIANG J J, Hu R. Facial image hallucination through couple-layer neighbor embedding[J]. IEEE Transactions on circuits and systems for video Technology, 2016, (7): 1674-1684.
[54] ZHANG S, GAO X, WANG N, et al. Face sketch synthesis via sparse representation-based greedy search[J]. IEEE Transactions on Image Processing, 2015, 24 (8): 2466-2477.
[55] AHN J, KIM D, CH'NG S I. Hallucination space relationship learning to improve very low resolution face recognition[C]. 2015 3rd IAPR Asian Conference on Pattern Recognition (ACPR), Kuala Lumpur, 2015: 6-10.
[56] 渠慎明. 基于位置图像块最优表示的人脸超分辨[D]. 武汉：武汉大学, 2015.
[57] AN L, BHANU B. Face image super-resolution using 2D CCA[J]. Signal Processing, 2014, 103: 184-194.
[58] LIU H, ZHU T. A correlative two-step approach to hallucinating faces[J]. International Journal of Pattern Recognition and Artificial Intelligence, 2014, 28 (8): 145-154.
[59] JIA Z. A two-step face hallucination approach for video surveillance applications[J]. Multimedia Tools and Applications, 2015, 74 (6): 1845-1862.
[60] GAO X, ZHANG K, Tao D, et al. Image super-resolution with sparse neighbor embedding[J]. IEEE Transactions on Image Processing, 2012, 21 (7): 3194-3205.
[61] LIU Y, YAN H, NIE X, et al. Face image super-resolution based on topology ICA and sparse representation[C]. 11th International Conference on Image Analysis and Recognition, Vilamoura, 2014: 104-111.
[62] WANG Z, HU R, WANG S, et al. Face hallucination via weighted adaptive sparse regularization[J]. IEEE Transactions on Circuits and Systems for Video Technology, 2014, 24(5): 802-813.
[63] WANG Z Y, HAN Z, HU R M, et al. Noise robust face hallucination employing Gaussian-Laplacian mixture model[J]. Neurocomputing, 2014, 133: 153-160.
[64] MALLAT S, YU G S. Super-resolution with sparse mixing estimators [J]. IEEE Transactions on Image Processing, 2010, 19 (11): 2889-2900.
[65] ZEYDE R, ELAD M, Protter M. On single image scale-up using sparse-representations[C]. International Conference on Curves and Surfaces, Berlin, 2010: 711-730.
[66] CAPEL D, ZISSERMAN A. Super-resolution from multiple views using learnt image models[C]. Proceedings of the 2001 IEEE Computer Society Conference on Computer Vision and Pattern Recognition, Kauai, 2001: 627-634.
[67] GIRYES R, ELAD M. Sparsity-based Poisson denoising with dictionary learning[J]. IEEE Transactions on Image Processing, 2014, 23 (12): 5057-5069.
[68] HONG C, ZHU J. Hypergraph-based multi-example ranking with sparse representation for transductive learning image retrieval[J]. Neurocomputing, 2013, 101: 94-103.
[69] MOHAMED M N H, LU Y, Lv F. Effective two-step method for face hallucination based on sparse compensation on over-complete patches[J]. IET Image Processing, 2013, 7(6): 624-632.
[70] LI H L, XU L F, LIU G H. Face hallucination via similarity constraints[J]. IEEE Signal Processing Letters, 2013, 20 (1): 19-22.
[71] YANG C Y, LIU S, YANG M H. Structured face hallucination[C]. 2013 IEEE Conference on

Computer Vision and Pattern Recognition, Portland, 2013: 1099-1106.

[72] Hui Z, Lam K M. Multi-view face hallucination based on sparse representation[C]. 2013 IEEE International Conference on Acoustics, Speech and Signal Processing (ICASSP), Vancouver, 2013: 2202-2206.

[73] ELAD M, AHARON M. Image denoising via sparse and redundant representations over learned dictionaries[J]. IEEE Transactions on Image Processing, 2006, 15 (12): 3736-3745.

[74] RUBINSTEIN R, BRUCKSTEIN A M, Elad M. Dictionaries for sparse representation modeling[J]. Proceedings of the IEEE, 2010, 98 (6): 1045-1057.

[75] RUBINSTEIN R, PELEG T, Elad M. Analysis K-SVD: A dictionary-learning algorithm for the analysis sparse model[J]. IEEE Transactions on Signal Processing, 2013, 61 (3): 661-677.

[76] EKANADHAM C, TRANCHINA D, Simoncelli E P. Recovery of sparse translation-invariant signals with continuous basis pursuit[J]. IEEE Transactions on Signal Processing, 2011, 59 (10): 4735-4744.

[77] MAIRAL J, BACH F, PONCE J, et al. Online dictionary learning for sparse coding[C]. Proceedings of the 26th Annual International Conference on Machine Learning, New York, 2009: 689-696.

[78] POLATKAN G, ZHOU M, CARIN L, et al. A Bayesian nonparametric approach to image super-resolution[J]. IEEE Transactions on Pattern Analysis and Machine Intelligence, 2015, 37 (2): 346-358.

[79] HAN Z, JIANG J, HU R, et al. Face image super-resolution via nearest feature line[C]. Proceedings of the 20th ACM International Conference on Multimedia, Nara, 2012: 769-772.

[80] WANG Z, BOVIK A C, SHEIKH H R, et al. Image quality assessment: From error visibility to structural similarity[J]. IEEE Transactions on Image Processing, 2004, 13 (4): 600-612.

[81] KIM K I, KWON Y. Single-image super-resolution using sparse regression and natural image prior[J]. IEEE Transactions on Pattern Analysis and Machine Intelligence, 2010, 32 (6): 1127-1133.

[82] LI X, HE H, YIN Z, et al. KPLS-based image super-resolution using clustering and weighted boosting[J]. Neurocomputing, 2015, 149: 940-948.

[83] HUANG H, WU N. Fast facial image super-resolution via local linear transformations for resource-limited applications[J]. IEEE Transactions on Circuits and Systems for Video Technology, 2011, 21 (10): 1363-1377.

[84] HE H, SIU W C. Single image super-resolution using Gaussian process regression[C]. 2011 IEEE Conference on Computer Vision and Pattern Recognition, Colorado, 2011: 449-456.

[85] YANG J, WANG Z, LIN Z, et al. Coupled dictionary training for image super-resolution[J]. IEEE Transactions on Image Processing, 2012, 21 (8): 3467-3478.

[86] YANG S, WANG M, CHEN Y, et al. Single-image super-resolution reconstruction via learned geometric dictionaries and clustered sparse coding[J]. IEEE Transactions on Image Processing, 2012, 21 (9): 4016-4028.

[87] MA X, LUONG H Q, PHILIPS W, et al. Sparse representation and position prior based face hallucination upon classified over-complete dictionaries[J]. Signal Processing, 2012, 92 (9):

2066-2074.

[88] SHI J, QI C. Face hallucination based on PCA dictionary pairs[C]. 2013 20th IEEE International Conference on Image Processing, Melbourne, 2013: 933-937.

[89] XU F, SAVVIDES M. Single face image super-resolution via solo dictionary learning[C]. 2015 IEEE International Conference on Image Processing, Quebec City, 2015: 2239-2243.

[90] MAIRAL J, BACH F, PONCE J. Task-driven dictionary learning[J]. IEEE Transactions on Pattern Analysis and Machine Intelligence, 2012, 34 (4): 791-804.

[91] RUBINSTEIN R, BRUCKSTEIN A M, Elad M. Dictionaries for sparse representation modeling[J]. Proceedings of the IEEE, 2010, 98 (6): 1045-1057.

[92] GAO G, YANG J, LAI Z, et al. Nuclear norm regularized coding with local position-patch and nonlocal similarity for face hallucination[J]. Digital Signal Processing, 2017, 64: 107-120.

[93] GAO G, YANG J. A novel sparse representation based framework for face image super-resolution[J]. Neurocomputing, 2014, 134: 92-99.

[94] SHI J G, QI C. Kernel-based face hallucination via dual regularization priors[J]. IEEE Signal Processing Letters, 2015, 22 (8): 1189-1193.

[95] REN J, LIU J, GUO Z. Context-aware sparse decomposition for image denoising and super-resolution[J]. IEEE Transactions on Image Processing, 2013, 22 (4): 1456-1469.

[96] 黄克斌, 胡瑞敏, 韩镇. 基于K近邻稀疏编码均值约束的人脸超分辨率算法研究[J]. 计算机科学, 2013, 40 (5): 271-273.

[97] 黄克斌, 胡瑞敏, 王锋. 图约束字典和加权稀疏表示人脸超分辨率算法[J]. 电视技术, 2014, 38 (9): 46-49.

[98] TANG S, ZHENG Y T, WANG Y, et al. Sparse ensemble learning for concept detection[J]. IEEE Transactions on Multimedia, 2012, 14 (1): 43-54.

[99] THOM M, PALM G. Sparse activity and sparse connectivity in supervised learning[J]. The Journal of Machine Learning Research, 2013, 14 (1): 1091-1143.

[100] XIE Y, ZHANG W, LI C, et al. Discriminative object tracking via sparse representation and online dictionary learning[J]. IEEE Transactions on Cybernetics, 2014, 44 (4): 539-553.

[101] DAI W, SHEN Y, TANG X, et al. Sparse representation with spatio-temporal online dictionary learning for promising video coding[J]. IEEE Transactions on Image Processing, 2016, 25 (10): 4580-4595.

[102] JIANG J, HU R, HAN Z, et al. Efficient single image super-resolution via graph-constrained least squares regression[J]. Multimedia Tools and Applications, 2014, 72 (3): 2573-2596.

[103] JIANG J, HU R, WANG Z, et al. Facial image hallucination through coupled-layer neighbor embedding[J]. IEEE Transactions on Circuits and Systems for Video Technology, 2016, 26(9): 1674-1684.

[104] JIANG J, HU R, WANG Z, et al. Noise robust face hallucination via locality-constrained representation[J]. IEEE Transactions on Multimedia, 2014, 16 (5): 1268-1281.

[105] CHENG B, YANG J, YAN S, et al. Learning with L1-graph for image analysis[J]. IEEE Transactions on Image Processing, 2010, 19 (4): 858-866.

[106] CAI D, BAO H, HE X. Sparse concept coding for visual analysis[C]. 2011 IEEE Conference on

Computer Vision and Pattern Recognition, Colorado, 2011: 2905-2910.

[107] ZHENG M, BU J, CHEN C, et al. Graph regularized sparse coding for image representation[J]. IEEE Transactions on Image Processing, 2011, 20 (5): 1327-1336.

[108] ZHANG L, CHEN S, QIAO L. Graph optimization for dimensionality reduction with sparsity constraints[J]. Pattern Recognition, 2012, 45 (3): 1205-1210.

[109] LU X, YUAN H, YAN P, et al. Geometry constrained sparse coding for single image super-resolution[C]. 2012 IEEE Conference on Computer Vision and Pattern Recognition (CVPR), Providence, 2012: 1648-1655.

[110] HU Y. From local pixel structure to global image super-resolution: A new face hallucination framework[J]. IEEE Transactions on Image Processing, 2011, 20 (2): 433-445.

[111] CMU + MIT Face Database[OL]. Available: http://download.csdn.net/down load/uo12281916/8256515. 2019-04-21.

[112] XIONG Z, SUN X, WU F. Image hallucination with feature enhancement[C]. IEEE Conference on Computer Vision and Pattern Recognition, Miami, 2009: 2074-2081.

[113] SUN J, XU Z, SHUM H Y. Gradient profile prior and its applications in image super-resolution and enhancement[J]. IEEE Transactions on Image Processing, 2011, 20 (6): 1529-1542.

[114] GAO X, WANG N, TAO D, et al. Face sketch-photo synthesis and retrieval using sparse representation[J]. IEEE Transactions on Circuits and Systems for Video Technology, 2012, 22 (8): 1213-1226.

[115] LIANG Y, XIE X H, Lai J H. Face hallucination based on morphological component analysis[J]. Signal Processing, 2013, 93 (2): 445-458.

[116] LIANG Y. Face hallucination with imprecise-alignment using iterative sparse representation[J]. Pattern Recognition, 2014, 47 (10): 3327-3342.

[117] LIANG Y, LAI J H, XIE X, et al. Face hallucination under an image decomposition perspective[C]. 2010 20th International Conference on Pattern Recognition(ICPR), Istanbul, 2010: 2158-2161.

[118] LIU S, YANG M H. Compressed face hallucination[C]. 2014 IEEE International Conference on Image Processing (ICIP), Paris, 2014: 4032-4036.

[119] STARCK J L, ELAD M, DONOHO D L. Image decomposition via the combination of sparse representations and a variational approach[J]. IEEE Transactions on Image Processing, 2005, 14 (10): 1570-1582.

[120] 孙玉宝, 韦志辉, 肖亮, 等. 多形态稀疏性正则化的图像超分辨率算法[J]. 电子学报, 2010, 12: 2898-2903.

[121] LIU W, LI S. Multi-morphology image super-resolution via sparse representation[J]. Neurocomputing, 2013, 120: 645-654.

[122] MEYER Y. Oscillating Patterns in Image Processing and Nonlinear Evolution Equations: The fifteenth Dean Jacqueline B. Lewis Memorial Lectures[M]. New York: American Mathematical Society, 2001.

[123] YIN W, GOLDFARB D, OSHER S. Image Cartoon-Texture Decomposition and Feature Selection Using the Total Variation Regularized L1 Function[M]. Variational, Geometric, and

Level Set Methods in Computer Vision. Berlin: Springer, 2005: 73-84.

[124] CHEN Y, MA J, FOMEL S. Double-sparsity dictionary for seismic noise attenuation[J]. Geophysics, 2016, 81 (2): 103-116.

[125] NG M K, SHEN H, LAM E Y, et al. A total variation regularization based super-resolution reconstruction algorithm for digital video[J]. EURASIP Journal on Advances in Signal Processing, 2007, 2007 (1): 074585.

[126] BO L, REN X, FOX D. Multipath sparse coding using hierarchical matching pursuit[C]. Proceedings of the IEEE Conference on Computer Vision and Pattern Recognition, Portland, 2013: 660-667.

[127] WU R, HUANG W, CHEN D R. The exact support recovery of sparse signals with noise via orthogonal matching pursuit[J]. IEEE Signal Processing Letters, 2013, 20 (4): 403-406.

[128] MOSHTAGHPOUR A, JACQUES L, CAMBARERI V, et al. Consistent basis pursuit for signal and matrix estimates in quantized compressed sensing[J]. IEEE Signal Processing Letters, 2016, 23 (1): 25-29.

[129] WEN W, WU C, WANG Y, et al. Learning structured sparsity in deep neural networks[J]. Advances in Neural Information Processing Systems, 2016, 32074-32082.

[130] CUN Y L, BOSER B, DENKER J S, et al. Handwritten digit recognition with a back-propagation network[J]. Advances in Neural Information Processing Systems, 1990, 2 (2): 396-404.

[131] GU J, WANG Z, KUEN J, et al. Recent advances in convolutional neural networks[J]. Pattern Recognition, 2017, 77: 354-377.

[132] HINTON G E, SALAKHUTDINOV R R. Reducing the dimensionality of data with neural networks[J]. Science, 2006, 313 (5786): 504-507.

[133] CHEN D, HUA G, WEN F, et al. Supervised transformer network for efficient face detection[C]. European Conference on Computer Vision, Berlin, 2016: 122-138.

[134] WANG D, ZHOU Q, HUSSAIN A. Deep and sparse learning in speech and Language processing: An overview[C]. International Conference on Brain Inspired Cognitive Systems, Berlin, 2016: 171-183.

[135] 常亮, 邓小明, 周明全, 等. 图像理解中的卷积神经网络[J]. 自动化学报, 2016, 42 (9): 1300-1312.

[136] LEE S, AN G H, KANG S J. Deep chain HDRI: Reconstructing a high dynamic range image from a single low dynamic range image[J]. IEEE Access, 2018, 6: 613-628.

[137] HU Y, GAO X, LI J, ET AL. Single image super-resolution via cascaded multi-scale cross network[J]. 2018, arXiv: 1802.08808.

[138] BCHOPADE P, PATIL P M. Single and multi frame image super-resolution and its performance analysis: A comprehensive survey[J]. International Journal of Computer Applications, 2015, 111 (15): 29-34.

[139] KIM J, LEE J K, LEE K M. Accurate image super-resolution using very deep convolutional networks[C]. IEEE Conference on Computer Vision and Pattern Recognition, Las Vegas, 2016: 1646-1654.

[140] GREAVES A, WINTER H. Multi-frame video super-resolution using convolutional neural

networks[J]. International Journal of Computer Applications, 2016, 1: 1-19.

[141] DONG C, LOY C C, HE K, et al. Image super-resolution using deep convolutional networks[J]. IEEE Transactions on Pattern Analysis and Machine Intelligence, 2014, 38 (2): 295-307.

[142] DONG C, CHEN C L, TANG X. Accelerating the super-resolution convolutional neural network[J]. Lecture Notes in Computer Science, 2016, 9906: 391-407.

[143] CUI Z, CHANG H, SHAN S, et al. Deep Network Cascade for Image Super-Resolution[M]. Computer Vision - ECCV 2014, Berlin, 2014: 49-64.

[144] KIM J, KWON L J, MU L K. Deeply-recursive convolutional network for image super-resolution[C]. Proceedings of the IEEE Conference on Computer Vision and Pattern Recognition, Las Vegas, 2016: 1637-1645.

[145] LECUN Y, BOTTOU L, BENGIO Y, et al. Gradient-based learning applied to document recognition[J]. Proceedings of the IEEE, 1998, 86 (11): 2278-2324.

[146] OSENDORFER C, SOYER H, SMAGT P V D. Image super-resolution with fast approximate convolutional sparse coding[C]. International Conference on Neural Information Processing, Berlin, 2014: 250-257.

[147] WANG Z, LIU D, YANG J, et al. Deeply improved sparse coding for image super-resolution[C]. International Conference on Computer Vision, Santiago, 2015: 370-378.

[148] NAIR V, HINTON G E. Rectified linear units improve restricted boltzmann machines[C]. International Conference on Machine Learning, Haifa, 2010: 807-814.

[149] SHI W, CABALLERO J, HUSZAR F, et al. Real-time single image and video super-resolution using an efficient sub-pixel convolutional neural network[C]. Computer Vision and Pattern Recognition, Las Vegas, 2016: 1874-1883.

[150] UHRIG J, SCHNEIDER N, SCHNEIDER L, et al. Sparsity invariant CNNs[C]. Proceedings of 2017 International Conference on 3D Vision, Qingdao, 2017: 11-20.

[151] LIU B, WANG M, FOROOSH H, et al. Sparse convolutional neural networks[C]. Computer Vision and Pattern Recognition, Boston, 2015: 806-814.

[152] RUMELHART D E, HINTON G E, Williams R J. Learning representations by back-propagating errors[J]. Nature, 1986, 323 (6088): 533-536.

[153] LECUN Y, BOTTOU L, ORR G B, et al. Efficient BackProp[M]. Neural Networks: Tricks of the Trade. 2012: 9-48.

[154] SHANKAR S, ROBERTSON D, IOANNOU Y, et al. Refining architectures of deep convolutional neural networks[C]. Computer Vision and Pattern Recognition, Las Vegas, 2016: 2212-2220.

[155] SCARDAPANE S, COMMINIELLO D, HUSSAIN A, et al. Group sparse regularization for deep neural networks[J]. Neurocomputing, 2017, 241: 81-89.

[156] ZHANG Z, CHEN Y, Saligrama V. Efficient training of very deep neural networks for supervised hashing[C]. IEEE Conference on Computer Vision & Pattern Recognition, Boston, 2016: 1487-1495.

[157] SHAFIEE M J, WONG A. Evolutionary synthesis of deep neural networks via synaptic cluster-driven genetic encoding[J]. Neural Processing Letters, 2018, 48 (1): 603-613.

[158] CHANGPINYO S, SANDLER M, Zhmoginov A. The power of sparsity in convolutional neural

networks[J]. Neural Processing Letters, 2017, 2: 1-13.

[159] SHI S, CHU X. Speeding up convolutional neural networks by exploiting the sparsity of rectifier units[J]. 2017, arXiv: 1704.07724.

[160] HE K, ZHANG X Y, REN S Q, et al. Spatial pyramid pooling in deep convolutional networks for visual recognition[C]. European Conference on Computer Vision, Berlin, 2014: 346-361.

[161] PARK J, LI S, WEN W, et al. Faster CNNs with direct sparse convolutions and guided pruning[J]. 2016, arXiv: 1608.01409.

[162] LIU D, WARG Z W, WEN B H, et al. Robust single image super-resolution via deep networks with sparse prior[J]. IEEE Transcations on Image Processing, 2016, 25: 3194-3207.